跟儿科营养师学宝宝辅食添加

-从日常健康护理到常见病营养调理-

宝宝爱吃饭 | 少生病 | 长得高 | 不过敏

陈　藜　吴　琼
谢丽惠　张延峰 ◎著

中国妇女出版社

图书在版编目（CIP）数据

跟儿科营养师学宝宝辅食添加：从日常健康护理到常见病营养调理 / 陈藜等著. --北京：中国妇女出版社，2019.4

ISBN 978-7-5127-1672-8

Ⅰ.①跟… Ⅱ.①陈… Ⅲ.①婴幼儿-食谱 Ⅳ.①TS972.162

中国版本图书馆CIP数据核字（2018）第271787号

跟儿科营养师学宝宝辅食添加——从日常健康护理到常见病营养调理

作　　者：陈　藜　吴　琼　谢丽惠　张延峰 著
策划编辑：应　莹
责任编辑：王　琳
封面设计：尚世视觉
责任印制：王卫东
出版发行：中国妇女出版社
地　　址：北京市东城区史家胡同甲24号　　邮政编码：100010
电　　话：（010）65133160（发行部）　　65133161（邮购）
网　　址：www.womenbooks.cn
法律顾问：北京市道可特律师事务所
经　　销：各地新华书店
印　　刷：北京中科印刷有限公司
开　　本：170×240　1/16
印　　张：15
字　　数：200千字
版　　次：2019年4月第1版
印　　次：2019年4月第1次
书　　号：ISBN 978-7-5127-1672-8
定　　价：48.00元

前 言

preface

婴幼儿期形成的饮食习惯影响宝宝的一生。摄取均衡营养是聪明宝宝健康的第一步。宝宝挑食是儿童营养失衡，引发成人代谢性疾病（如糖尿病、高血压等）的重要因素。本书是首都儿科研究所儿童营养和保健专业人员从儿童辅食添加领域最新的科学研究证据出发，结合实践经验，跟家长分享如何给宝宝提供平衡的膳食，从而使宝宝获得最佳的营养和生长发育，帮助宝宝顺利从以奶为主的辅食结构过渡到成人膳食结构，并且在这个过程中养成良好的饮食习惯，避免出现挑食等不良习惯。

本书分为两个部分，第一部分为辅食添加方面权威且具有可操作性的喂养知识，让家长了解科学喂养的重要性。同时，此部分还将就婴幼儿成长不同时期辅食添加常见的问题，进行一一解答，纠正常见的喂养误区，为宝宝健康成长多加一份保障。

第二部分是作者们精心编写的100多道简易辅食食谱，方便家长在不花费很多时间的情况下制作，同时保证食物的营养和美味。此外，本书每一道辅食都注明了营养成分和含量，让家长做得轻轻松松、明明白白。根据辅食添加和儿童发育的规律，食谱分为3个月龄阶段：

- 6～8月龄，辅食添加初期，主要是辅食添加习惯的养成和多种食材的逐渐引入；
- 9～11月龄，辅食添加中期，主要是辅食添加质地的变化，以及锻炼宝宝的运动发育和咀嚼能力；
- 12～23月龄，辅食添加后期，主要是辅食向成人饮食的过渡，以及良好习惯养成的关键期。

本书巧妙地将最前沿的科学喂养知识系统地转化为通俗易懂的知识和易于操作的技能，实用性强，让妈妈轻松喂养，宝宝快乐成长。

目 录

contents

PART 01

辅食好营养从6个月开始

PART 02

健康成长从辅食添加开始

PART 03
辅食添加的常见问题

PART 04

添加辅食前妈妈需要了解的常识

PART 05

6～23月龄宝宝膳食计划和辅食日志

PART 01

辅食好营养
从6个月开始

为什么要给宝宝添加辅食

辅食添加的说法很多人都听说过。家长可能会疑惑，为什么这种给宝宝吃的奶以外的食物要叫辅食呢？宝宝多大时添加辅食合适呢？应该怎么添加呢？

辅食是指婴儿从6个月开始添加的除母乳、婴儿配方奶以外的半固体或固体食物。之所以称为辅食，主要是因为这些食物对母乳起到辅助和补充作用。宝宝添加辅食后，千万不要因此忽视母乳的重要性，还应该继续按需喂母乳。

为什么要给孩子添加辅食呢？

宝宝需要更多的能量和营养

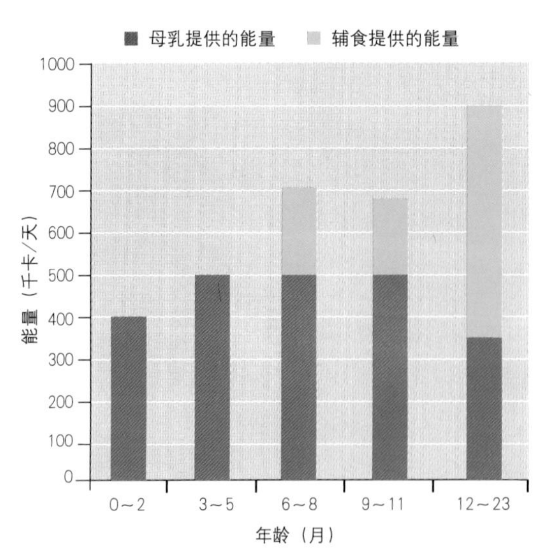

图1：不同年龄儿童能量的需要量和母乳提供的能量
参考来源：世界卫生组织

婴儿6个月时，体重通常增长至出生体重的一倍，之后增长的速率会更快。此时，纯母乳喂养已不能满足婴儿所有的能量和营养需求，所以要开始添加辅食以弥补能量和营养差距。图1是世界卫生组织提出的不同年龄儿童能量需要量和母乳提供能量的对比图。从图1中可以看出，孩

子6个月开始需要从辅食中获得能量的占比逐渐提高。

辅食添加可以促进宝宝的发育

辅食作为宝宝从奶过渡到成人饮食的关键阶段，除了营养的考虑，还有发育上的好处。从6个月开始，宝宝的口腔肌肉开始发育，利用不同质感的食物，可以锻炼宝宝的咀嚼能力，有利于今后语言的发育。

Tips 增进宝宝对食物的经验

尝试多种类型、质感、味道的食物，有助于宝宝适应多样化的食物，逐步习惯成人的饮食。同时，早些尝试食物的天然味道，有助于减少偏食问题。

添加辅食，从6个月开始

新妈妈们总是困惑，到底该什么时候给宝宝添加辅食呢？有的人说4个月，有的人说6个月，有的人说4～6个月……不同的说法让妈妈们纠结不已。

世界卫生组织推荐宝宝6个月开始添加辅食

首先让我们来看看权威说法。2001年，世界卫生组织和联合国儿童基金会联合确定了婴幼儿喂养原则：出生后1小时以内开始接触妈妈的乳房，纯母乳喂养到6个月，满6个月（180天）开始添加辅食并继续母乳喂养到2岁及以上。随后我国卫生健康委员会也推荐6个月开始添加辅食。在2001年以前，世界卫生组织的推荐是4～6个月开始添加辅食。很多妈妈会问，为什么要修改这一推荐呢？主要原因包括：

- 6个月内母乳可以满足婴儿所有的营养需求；
- 纯母乳喂养时间达到6个月对宝宝的认知发育、抗感染和免疫等方面都有好处；
- 避免了过早添加辅食可能出现的腹泻和过敏，从而增强对辅食的耐受，让宝宝辅食添加更加顺利。

如何判断宝宝可以吃辅食了

那是不是辅食添加必须严格到满6个月那一天才可以呢？

其实，世界卫生组织的推荐是针对群体的。考虑到宝宝的个体差异，辅食添加的时间并不是严格到满6个月那一天才可以。宝宝添加辅食的时机还需要根据宝宝发育的生理状况进行判断。

喂养小贴士

当宝宝快6个月并有以下表现时，就表示可以尝试添加辅食了。

运动能力

» 能靠着背椅坐起来；

» 能抬起头；

» 能伸手去抓。

进食意愿

» 对食物感兴趣，表示出十分想吃的样子；

» 看见匙便张开嘴；

» 把匙放进宝宝的口里时，嘴唇能合起，含着匙；

» 能闭上嘴巴吞咽食物。

以下情况不适合添加辅食

» 宝宝虽能坐起来，但喂食时不会吞咽食物；

» 宝宝总是用舌头顶着勺子，甚至把食物吐出来。*

* 宝宝刚开始吃固体食物时，嘴角可能会漏出食物，待宝宝咀嚼吞咽熟练后，情况便会有所改善。这与宝宝将喂辅食的勺子顶出不同。

过早添加辅食的危害

- 其他食物过早地取代了母乳，容易发生营养缺乏；
- 孩子的消化系统发育还不完善，增加患腹泻等疾病的危险；
- 不足4个月大的宝宝不能吃奶以外的食物，因为宝宝的肾脏和消化系统功能还没有成熟，容易引起食物过敏；
- 宝宝还没有做好准备，易引起宝宝对进食食物产生抗拒心理。

过晚添加辅食的危害

- 因母乳已无法满足孩子所有的营养需求，会导致营养不良，以及维生素和微量元素（如铁或者锌）的缺乏；
- 孩子生长发育会减慢；
- 造成今后饮食习惯不良，宝宝会较难适应吃多种食物的饮食方式，还可能引起偏食或其他进食问题，如抗拒接受质感粗糙的食物。

世界卫生组织的儿童辅食添加十原则

世界卫生组织建议给儿童添加辅食应遵守以下原则：

1. 从出生到6个月纯母乳喂养，从6个月开始（180天）添加辅食并继续母乳喂养；
2. 添加辅食后，保持一定频率、按需继续进行母乳喂养至2岁或2岁以上；
3. 采取积极喂养的方式；
4. 保持良好的清洁卫生和恰当的食物处理；
5. 从6个月开始给少量的食物，随着孩子年龄的增长来增加食物的量，同时保持母乳喂养的频率；
6. 随着孩子年龄的增长，逐渐增加食物的多样性，适应其需求和能力；
7. 随着孩子年龄的增长，增加每日添加辅食的频率；
8. 多样化的辅食以确保满足营养需求；
9. 如有需要，给婴儿提供强化辅食或维生素、矿物质补充；
10. 孩子患病要增加液体的摄入，包括增加母乳喂养的频次，鼓励儿童进食软的、多样的、有口味的、孩子喜爱的食物。康复后，提供较平时更多的食物并鼓励孩子多吃。

宝宝添加辅食的顺序

宝宝从6个月开始添加辅食了,这个时候妈妈们可能都会觉得疑惑，一开始应该给宝宝吃什么食物呢?

给宝宝挑选食材

在具体谈给宝宝吃什么食物之前，先介绍一下选择食材的原则。6个月的宝宝还不会咀嚼，因此一开始只能让他们吃细滑的糊状食物。在食材选择上，我们应该挑选容易制成细滑糊状的食材。

- 谷物类：婴儿米糊、婴儿面糊。
- 较容易磨烂成泥糊状的蔬菜：西蓝花、西葫芦、南瓜、油麦菜、小油菜、土豆（马铃薯）、红薯。
- 成熟的水果：苹果、香蕉、梨。

添加辅食的先后顺序

根据中国营养学会的推荐，宝宝添加辅食时先后次序一般以米糊为先，然后是蔬菜、水果、动物性食物。

另外，推荐辅食添加从一种到多种，因此在添加新的食物时，可以把之前吃过的食物种类与其进行搭配，这样营养更均衡，也能够让宝宝更快适应成人的膳食。例如，宝宝尝试了米糊三四天后，试吃蔬菜时，可以在米糊中加入蔬菜泥。

为何让宝宝先吃米糊和蔬菜

这是因为大米等谷类食物和蔬菜较少引起宝宝过敏问题。

要不要给宝宝吃绿叶蔬菜

当然要给宝宝吃绿叶蔬菜。绿叶蔬菜含有丰富的维生素、铁、钙和膳食纤维，是十分适合宝宝的食物。绿叶蔬菜虽然不如南瓜、胡萝卜那样甜，但大多数宝宝都能接受。尽早尝试蔬菜和水果的天然味道，可以让宝宝更容易接受不同类型的蔬果。另外，我们推荐先吃蔬菜再吃水果，因为宝宝天生喜欢甜味，如果一开始时就给他吃甜的食物，日后就会比较难以接受味道较淡的米粥和蔬菜了。

Tips 宝宝不吃辅食怎么办

其实，宝宝对食物没有特别的爱好，接受一种新食物要有一个过程，等适应后就会接受了。不要第一次喂的时候看见孩子不吃，就认为孩子不爱吃，从而放弃了添加新食物。研究显示，宝宝接触和尝试进食的次数越多，他越愿意吃，而且吃的分量也越多。

婴儿强化米粉和家庭自制米糊的区别

首先，无论是世界卫生组织、联合国儿童基金会，还是我国的国家卫生健康委员会，在制定婴幼儿喂养推荐的时候，都没有提到过宝宝最先要添加强化米粉。世界卫生组织和联合国儿童基金会的婴幼儿喂养推荐中写道，“在需要的时候，使用强化辅食或是维生素、矿物质补充剂”，也就是说，并不是所有的儿童都需要使用强化食物。

具体什么时候需要强化食物呢？世界卫生组织是这样解释的：“若动物性食物吃得不够，就需要食用强化食品或营养素补充剂。这些强化食品和补充剂还需要含有锌、钙、维生素B_{12}等营养素。”

美国儿科学会在2010年发布的推荐则指出：“由于母乳中含铁较少，建议纯母乳喂养的宝宝从4个月开始补充铁剂（1毫克/公斤/日），直到开始添加含铁丰富的辅食（包括铁强化米粉）。”

婴儿强化米粉以米为基础，添加了其他营养物质。妈妈在家里自己制作的米糊虽然营养比较单一，但加入了其他食物，如深绿色蔬菜、豆类或肉类后，摄入的营养就丰富起来了。而且，辅食添加不仅要强调营养，也要强调帮助宝宝过渡到成人的饮食。

因此，铁强化米粉或家庭自制米糊都是不错的选择。需要强调的是，在对一种食物进行几次尝试后就要继续添加其他食物了，让宝宝尽快吃混合食物。换句话说，不要过于纠结于宝宝的第一口是吃强化米粉还是自己做的米糊。把关注点放到更应该关注的地方，比如保证辅食不太稀，循序渐进地搭配动物性食物、蔬菜和水果，积极喂养，培养宝宝完成过渡，养成良好的饮食习惯等。

Tips 为什么不推荐一开始就添加蛋黄

刚开始给宝宝添加辅食的时候，很多妈妈会首先想到蛋黄，因为蛋黄含铁比较丰富。但是，蛋黄中的铁由于卵黄高磷蛋白的干扰，吸收率很低，所以蛋黄补铁的效果并不好。

如何搭配营养丰富的辅食

辅食如何搭配一直是很多新手爸妈头疼的问题。怎样给宝宝搭配各种各样的食物呢?

世界卫生组织推荐辅食添加的第六条原则是，随着孩子年龄的增大，逐渐增加食物的多样性，适应他的需求和能力。

辅食的营养重点是什么

从营养的角度来看，辅食应该提供充足的能量、蛋白质和微量营养素，和母乳共同满足辅食添加阶段宝宝营养的需求。

营养具体有哪些呢?我们先来看看图2。

这张图是世界卫生组织提出的母乳喂养儿童12～23个月时，除母乳外，辅食提供的能量、蛋白质、铁和维生素A的百分比。

- 粉色部分表示的是儿童每日需要量中平均每日摄入550毫升母乳所能提供的营养占比；绿色部分则表示辅食所

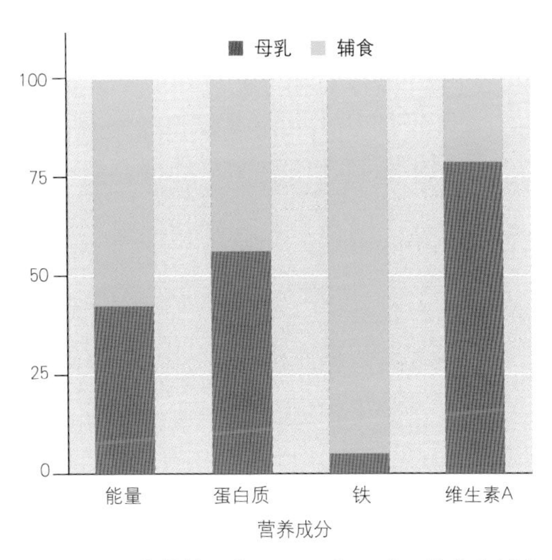

图2：母乳喂养儿童12～23个月时，母乳和辅食所提供的能量、蛋白质、铁和维生素A的对比
参考来源：世界卫生组织

能提供的营养占比。

- 辅食应该富含能量、蛋白质和微量营养素（特别是铁、锌、钙、维生素A、维生素C和叶酸）。这是一条婴幼儿辅食营养搭配的黄金法则。
- 特别要指出的是，母乳中能提供的铁很少，因此辅食中特别需要含铁丰富的食物，最好是动物类食物，如肉类、内脏、家禽或鱼。有些蔬菜（如菠菜、木耳）也含铁丰富，但是植物性食物中的铁吸收率低。也就是说，如果一份肉和一份菠菜含有相同量的铁，但是宝宝吃进去以后，菠菜中能够真正被身体利用起来的铁要少于肉。
- 富含维生素C的食物搭配含铁丰富的食物可以促进铁的吸收。这是另一条婴幼儿辅食营养搭配的黄金法则。动物性食物搭配蔬菜类食物，做成含铁丰富的辅食，可以预防宝宝发生缺铁性贫血。

什么是良好辅食

世界卫生组织定义了良好辅食的5个要素：

- 富含能量、蛋白质和微量营养素（特别是铁、锌、钙、维生素A、维生素C和叶酸）；
- 不辣、不咸，也就是说不加盐（12月龄以下的宝宝）和尽量少盐（12～23月龄宝宝），不加调味料；
- 宝宝能够很容易地咀嚼和吞咽，也就是说食物的质地合适；
- 宝宝喜爱，也就是说辅食做得色香味俱全；
- 食材可获得且可负担，也就是说最好选宝宝居住当地可以买得到的、新鲜的食材，而且不需要买贵的食材，只要新鲜、应季就好。

辅食中各种营养素的食物来源

通常，辅食以当地的淀粉类食物为主。淀粉类食物包括谷类、根茎类和含淀粉的水果，其主要成分是碳水化合物，能提供能量。谷类还含有蛋白质，但根茎类如土豆、红薯等，以及香蕉等含淀粉的水果，蛋白质含量很少。

除淀粉类食物外，每日还需要其他食物来补充营养：

- 动物肉和鱼肉富含蛋白质、铁和锌，肝脏含有维生素A、叶酸、铁和锌，蛋黄富含蛋白质和维生素A；
- 奶制品（如奶、乳酪和酸奶）富含钙、蛋白质、能量和B族维生素；
- 豆类，如豌豆、蚕豆、扁豆、花生和大豆富含蛋白质，有些还含有铁，同时添加含维生素C的食物（如西红柿、柑橘、绿叶蔬菜）有助于铁的吸收；
- 橘黄色蔬菜和水果（如胡萝卜、南瓜、芒果和木瓜）和深绿色蔬菜（如菠菜）富含胡萝卜素、维生素A和维生素C；
- 脂肪和油脂是能量的主要来源，某些脂肪酸是儿童成长所必需的。

Tips 6个月的孩子能吃肉吗，会不会过敏和不消化

家长普遍担心婴幼儿对膳食中的某些食物过敏，因而限制这些食物的摄入。但是，目前还没有足够的科学研究证据显示限制某种食物的摄入有预防过敏的作用。因此，6个月大的婴儿可以进食多种食物，包括奶制品、蛋、花生、鱼和贝类。当然，如果已明确对某种食物过敏，应该避免食用。

奶与辅食怎么配合

世界卫生组织辅食添加原则

世界卫生组织推荐，儿童添加辅食后，仍要保持一定频率、按需继续进行母乳喂养至2岁或2岁以上。

为什么母乳要喂这么久？因为母乳不仅可以满足6～12个月婴儿一半以上的能量需求，而且可以满足12～24个月幼儿1/3的能量需求和其他多种营养成分的需求。

此外，母乳能继续提供比辅食质量高的营养素以及保护因子。宝宝患病时胃口通常不好，不愿意吃辅食，这时母乳就成为重要的能量和营养来源。

母乳还会降低宝宝患急性和慢性疾病的风险。添加辅食后，婴幼儿母乳喂养的频次会降低，因此家长需要注意，应该积极鼓励宝宝吃母乳以保证母乳的摄入。

当然，虽然鼓励妈妈喂母乳到孩子2岁或更长时间，但具体什么时候断奶要根据实际情况由妈妈自己来做决定。

不同月龄的宝宝辅食的频次、量和奶量

下面给家长们详细介绍不同月龄的宝宝辅食的频次、量和奶量。

6～8个月宝宝

6～8个月的宝宝以奶为主，每天2～3餐辅食。每餐先喂辅食，再以母乳或配方奶补充。

喂辅食

» 刚开始吃辅食，量不应很多，以1～2勺（每勺10毫升）开始；

» 随着吞咽和咀嚼能力提升，宝宝吃辅食的量会增加；

» 有些宝宝在每餐开始时会比较愿意吃，但吃了几口后，他会因为咀嚼得累而不愿再吃，那时便以奶补充。

喂母乳或喂奶

» 奶量应按宝宝的需要而定；

» 一开始的时候不要减少喂奶的次数，随着宝宝吃辅食的量逐渐增加，到了一定时候，奶量可以逐渐减少。

9～11个月宝宝

9～11个月的宝宝每天约进食5餐，其中2～3餐以辅食为主。

喂辅食

» 大部分9～11个月大的宝宝，可以用辅食来取代1～2餐奶；

» 每天吃2～3次辅食作为正餐；

» 给宝宝1～2次水果或点心作为加餐。

喂母乳或喂奶

» 奶量应按宝宝的需要而定；

» 喂奶次数2～3次，每天600毫升～800毫升，减少喂奶的次数一般从日间开始；

» 若吃奶太多太频繁，会影响宝宝吃正餐的胃口。

12～23个月宝宝

12～23个月的宝宝每天约进食5餐，当中3～4餐以辅食为主。

喂辅食

» 大部分12～23个月大的宝宝，可以跟成人吃一样的菜和饭了，只是做的时候需要切得稍微细一点儿，口味清淡一些；

» 每天吃3～4次辅食作为正餐；

» 给宝宝1～2次水果或点心作为加餐。

喂母乳或喂奶

» 奶量应按宝宝的需要而定；

» 喂奶次数为2～3次，每天400毫升～500毫升。

不同月龄宝宝奶和辅食的搭配

不同月龄宝宝奶和辅食搭配表

	6～8个月	9～11个月	12～23个月
喂辅食的量	每个孩子不同，最初每餐1～2勺*，逐渐增加到半碗	每次正餐需要吃到半碗	每次正餐需要吃到大半碗，即3/4碗
喂辅食的次数	2～3次	3次正餐+2次点心	3次正餐+2次点心
母乳或代乳品的量	600毫升～800毫升	600毫升～800毫升	400毫升～500毫升
辅食提供的热量比重	50%左右	50%以上	80%左右

* 一勺按照10毫升计算，一碗按照250毫升计算。

以上辅食的量、热量比重推荐来源于世界卫生组织，母乳或代乳品的量来源于中国营养学会妇幼分会推出的《中国0～6岁儿童膳食指南》。

怎样的一餐辅食才可以取代一餐奶

当宝宝一餐所吃的辅食包含了谷物、蔬菜、肉、鱼、鸡蛋等铁质丰富的食物，又能吃到足够的量（250毫升的碗吃半碗至大半碗），而且持续数天吃过辅食后不用再吃奶，便可以取代一餐奶。

值得注意的是，肉汤和鱼汤所含的营养素极少，宝宝要吃掉肉碎才能摄入足够的营养。

解读儿童生长曲线

什么是儿童生长曲线

传统观念里，养一个白白胖胖的宝宝，是一件自豪的事情。其实，宝宝的胖和瘦，每个人都有不同的标准，所以“说”了是不算的。那么，有没有统一的标准呢？

当然有，那就是用生长曲线。生长曲线是儿科医生和儿童保健医生专门评估宝宝生长发育的工具，下面这张图就是一张监测宝宝生长发育的曲线图。

年龄别身高（女）

出生至5岁

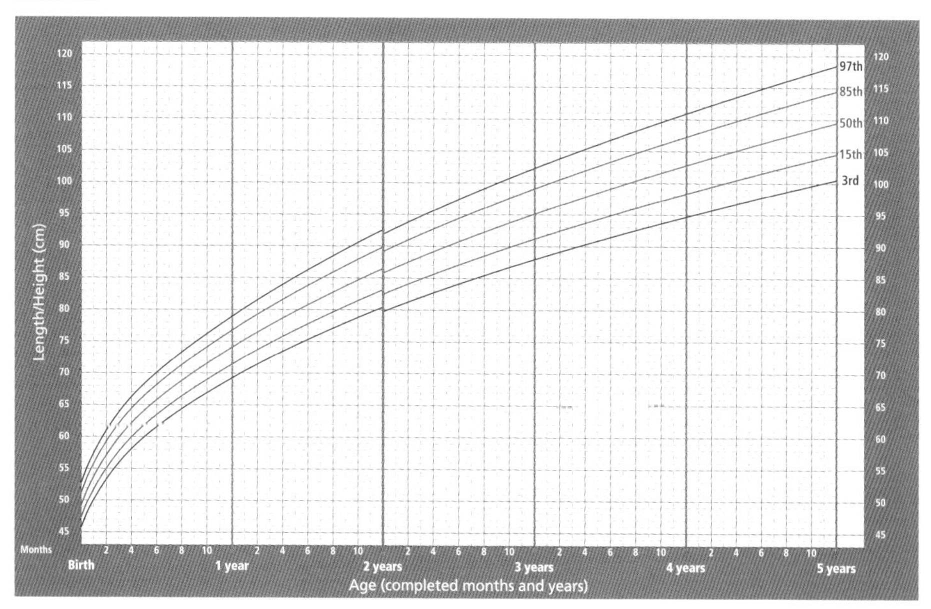

图3：儿童生长发育监测图（女）

生长曲线能够反映出宝宝过去一段时间到现在膳食摄入的情况和健康状况。定期监测宝宝的体重和身高（身长），如果一切正常，就不用纠结宝宝某一天食欲不好、吃得少等问题了。

这张图左上角的专业术语叫“年龄别身高”。通俗点解释，这就是不同年龄段身高的参考表。这里有两个细节要注意：

- 这张图是给女孩用的。生长曲线是分男女的，男孩的图是蓝色，女孩的图是粉色；
- 这张图是从出生到5岁的，也就是这张表的横坐标。

图里面可以看到有5条彩色的线，从上到下依次为97%、85%、50%、15%和3%。

那几条线是什么意思呢？它们是儿童身高的参考值。我们都知道，即使月龄相同，孩子的身高差别也很大。研究人员通过调查，把很多孩子的身高汇总起来分析，得出了人群中不同年龄儿童身高的平均数值。我们可以用这些数值作为参考，看看自己宝宝的身高长得怎么样。

绘制宝宝生长曲线，了解宝宝成长状况

生长曲线也叫生长监测图，主要包括体重曲线和身高（身长）曲线，是通过定期测量宝宝的体重和身高值得出来的。每个孩子在出生时体重和身高都不大相同，因此在之后的监测图中会处于不同的曲线上。

生长曲线图的横坐标（图中最下面的横线）代表宝宝的月龄，纵坐标（图中最左边的竖线）代表宝宝的身高（身长）或体重。

以体重曲线图为例（见19页）。一个1岁的女孩测得的体重是10千克。画

的时候，首先要找到女孩的体重监测图（粉色的），然后在横坐标上找到宝宝的月龄（1年），在横坐标的上方找到相对应的体重值（10千克），交点处画一个小圆点。每次测量后都可以画这样一个小圆点，画过几次小圆点后，将几个点连成线，这就是宝宝的生长曲线。

年龄别体重（女）

出生至2岁

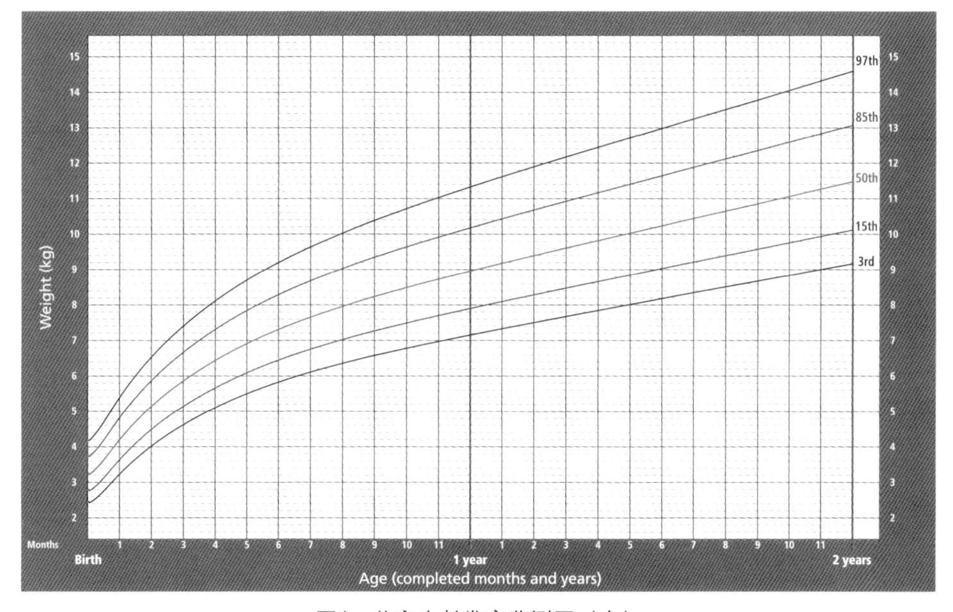

图4：儿童生长发育监测图（女）

如何看生长曲线

宝宝的生长是动态的，因此单一的体重或身高值并不能提供很多信息。评价宝宝的生长时，只有标示出一系列体重或身高值之后，才能够判断其生长情况。因此，生长曲线很重要的一点是看曲线的趋势，即水平、上升，还是下降。

小贴士

由于一次测量数据并不能推测出宝宝的生长趋势，需要长期定时的随访，通常建议1个月测量一次，或者0～1岁至少3个月测量一次，1～2岁至少半年测量一次，3岁以后至少每年测量一次。疾病期间，体重可能会有明显的变化，最好待疾病完全康复后再测量。另外，我们画出来的生长曲线的大致走向或形状应该与监测图上的参考曲线相近，也就是说，儿童生长曲线应该总是向上的趋势，而不是水平或下降。这点是生长曲线非常重要的特征。

前面提到，生长曲线能够反映宝宝过去一段时间到现在膳食摄入的情况和健康状况。因此，饮食是否合理的主要评判标准之一，就是婴幼儿的生长结果。无论是6个月前还是开始添加辅食后，良好的喂养可以预防体重和身高（身长）增长迟缓，并保持上升趋势。

但是，如果生长曲线某一段出现了水平或下降时，就要引起家长的注意了。妈妈这时就要回顾一下宝宝最近的喂养，了解是否足够，以便及时对辅食进行调整。

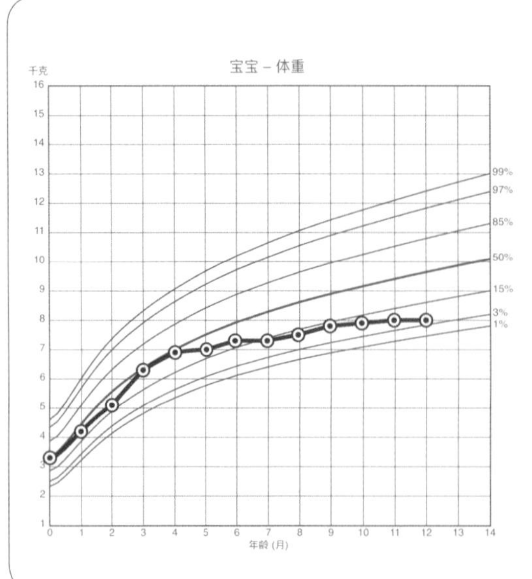

左图是一个宝宝监测12个月的体重曲线图。我们可以看到，在前4个月，宝宝的体重曲线基本和参考曲线一样是上升的趋势。但从4个月开始，宝宝的体重曲线就开始偏离参考曲线，出现缓慢上升趋势，而且这种缓慢趋势一直持续了8个月，后期更明显。这说明宝宝在4个月以后喂养情况一直不佳，但是家长可能没有注意到这个问题。

总而言之，无论何种喂养方式，先要判断孩子生长情况。如果生长正常，其他问题都不是很重要。只要孩子精神状态好，食欲好，生长正常，不要因为大便偏稀，颜色发黄、发绿，偶尔有些黏液等情况，或孩子偶尔出现的不舒服就给孩子乱服药。

小贴士

生长曲线出现缓慢趋势可能提示，奶量摄入不足、辅食添加不合理、（疾病引起）消化吸收不好、（疾病导致）异常丢失、慢性疾病、内分泌疾病等。

生长曲线出现过快趋势可能提示，过度喂养、肥胖趋势、内分泌疾病等。

评估宝宝成长情况

评估宝宝长得是否达标，关键看宝宝的生长曲线是否与参考曲线保持一样的走势，即上升的趋势，而不能参照“邻居家的小孩”，也不能将平均值（P50）当成“正常值”，误以为高于P50才是“达标”。另外还有一个关键点，那就是宝宝的生长曲线还要一直在正常范围（P3～P97）内沿着其中一条曲线增长。只有符合这两点，才说明生长是达标的。

家长注意，如果宝宝的生长曲线一直低于或者高于这个范围，或者短期内波动偏离两条曲线以上，就需要请医生帮助寻找原因。

生长是儿童营养的生物学指标，体重能反映近期的营养状况，身高（长）能反映长期营养状况。因此，定期监测宝宝的体重和身高（身长），并能正确解读宝宝的生长曲线，显得尤为重要。

PART 02

健康成长从辅食添加开始

让宝宝吃得多、吃得香，有讲究

良好的辅食喂养不仅依赖于喂的食物本身，还取决于由谁在什么时候、什么地方、怎么喂。行为学研究显示，如果一个人在儿童期很少被人鼓励吃饭，长大以后饮食往往不规律。营造一个良好的进食环境，采用更积极的喂养方式，可以让宝宝吃得多，吃得香。

世界卫生组织推荐儿童辅食添加采用积极喂养的方式：

- 在刚刚添加辅食的时候，由父母或其他大人来直接喂婴儿，并随着宝宝年龄的增长，逐渐帮助婴儿学会自己吃饭；
- 喂养时应该慢慢地、有耐心地喂，鼓励但不强迫孩子吃；
- 如果孩子拒绝很多食物，尝试将不同种类、不同口味、不同质地的食物混合并鼓励孩子吃；
- 避免在就餐时分散孩子的注意力；
- 记住喂养时也是学习和表达爱的时刻，即在喂养时与孩子交谈并保持眼神接触。

在宝宝出生后的第一年，婴儿和自己的父母是一个相互学习的过程。婴儿学会去认识和解读父母传递出的语言和非语言信号（包括表情、动作）；父母也在摸索、认识和了解宝宝的需求信号（不同的声音、哭等）。例如，很多善于捕捉宝宝信号的妈妈，很早就能分辨宝宝饿了的哭声和宝宝拉屎不舒服的哭声。

这样相互学习的过程对于宝宝来说是非常重要的，因为积极的相互学习是宝宝形成亲子依恋的基础。亲子依恋是非常健康的一种心理状态。良好的亲子依恋可以让宝宝觉得有安全感，帮助宝宝今后社会情绪能力的健康发展。

喂宝宝吃辅食的3大技巧

6～11个月的宝宝比以前活跃，对周围环境会感到好奇，进食时可能会不专心。其实，只要掌握以下技巧，你便可以喂得轻松，而宝宝也能得到足够的营养，他的社交和自理能力还可以有正面的发展。

技巧一：多与宝宝交流，鼓励宝宝

- 回应宝宝的语言和动作，让宝宝得到关注，从而感到进食是一件快乐的事，能够专心去吃；
- 就地取材，跟宝宝说说他正在吃的食物和他正在做什么；
- 宝宝表现好的话，可以拍掌、轻抚和称赞他。

技巧二：留意吞咽，注意节奏

- 要留意宝宝的吞咽情况，如果宝宝嘴里还有食物，爸爸妈妈可以夸张地做一些咀嚼和吞咽的动作，以便宝宝模仿；
- 给宝宝足够的吞咽和咀嚼时间，不要催促，并且在宝宝嘴里还有食物的时候，不要喂下一口；
- 喂得太快或太多，容易导致宝宝哽噎和进食过量，让宝宝自己来掌握吃的节奏。

技巧三：留意宝宝吃饱的信号

- 宝宝一般在10～15分钟内吃饱；
- 宝宝吃饱后会越吃越慢，不再专心吃和持续地对食物不感兴趣；

- 随着年龄增长，宝宝吃饱的反应会比以前强烈，例如推开匙，但这并不代表他不服从，只是用他的方式来告诉你“吃饱了”。

那么，怎样让宝宝更喜欢吃饭？爸爸妈妈可以参考以下方法：

- 提供多样化的食物，参考本书推荐的食谱，让宝宝的辅食丰富多彩；
- 根据宝宝的咀嚼能力来调整食物的质地，换而言之就是食物做成泥糊状、细碎状或小块状；
- 不要强迫宝宝做能力做不到的事情；
- 按宝宝“吃饱了”和“肚子饿”的反应来喂食；
- 喂食前要做好餐前准备，吃的时候保持愉快的气氛，让宝宝体验“吃”的乐趣。

值得注意的是，宝宝和家人一起进餐胃口更好。在没有开始添加辅食的时候，家长就可以尝试吃饭时让宝宝坐在旁边，因为这样做有如下几个优点：

- 引起宝宝吃饭的好奇心，因为家人餐桌上的食物较多，不但能吸引宝宝，而且可以增加宝宝尝试新食物的机会，帮助宝宝更快接受新食物；
- 帮助学习进食的技能，因为宝宝通过观察和模仿家人，可以开始学习使用餐具，使他更容易投入和享受吃的过程；
- 培养社交技巧，因为进餐是家庭成员沟通的好机会，宝宝也喜欢参与其中。

Tips 如何与宝宝一同进餐

» 每天最少安排宝宝与家人一起吃一顿饭；
» 刚开始喂宝宝吃辅食，随着宝宝年龄增长，让宝宝尝试自己用餐具和拿食物吃；
» 1岁以前要单独给宝宝做辅食，在餐桌上也让宝宝只吃自己的辅食；
» 等到宝宝到1岁以后，只要家里做的食物质感合适，口味清淡，可让宝宝尝尝家人的饭菜，以便过渡到与家人一起吃饭。

如何识别宝宝的饥饱信号

很多时候，家长会发现宝宝的胃口时好时坏，不能每次都吃完推荐的量，所以比较焦虑和着急。

其实，辅食推荐的量是针对群体的推荐，每个宝宝的情况会有不同，而且同一个宝宝进食量也会有波动。所以，我们在这里要跟大家强调一个重要的观念，那就是宝宝辅食喂养的量应该由宝宝主导。

小贴士

宝宝主导就是指父母根据宝宝的饥饱信号喂辅食。宝宝天生懂得分辨自己的饱与饿，就像我们推荐母乳按需喂养一样，也就是宝宝饿了就喂，饱了就不喂。宝宝在饿了和饱了的时候都会发出自己的信号，爸爸妈妈只要留意这些信号，接受并且尊重宝宝，就可以让宝宝吃到合适的辅食量了。

宝宝的饥饱信号

下面就是宝宝的饥饱信号。

宝宝肚子饿了的表现

- 对食物表示感兴趣；
- 将头凑近食物或匙；
- 身体俯向食物；
- 太饿时会吵闹、啼哭。

宝宝吃饱了的表现

- 不再专心进食；
- 吃得越来越慢；
- 避开匙；
- 紧闭着嘴唇；
- 吐出食物；
- 推开或抛掷匙和食物；
- 直起背或向后仰。

爸爸妈妈的常见问题

Q1 依着宝宝的性子来可以吗？万一吃不饱怎么办？

我们理解父母的心情，希望宝宝能吃得有营养，快快长高长大，也希望宝宝能够吃饱。但是，家长同时要了解到，如果宝宝吃饱了，而父母仍要宝宝继续进食，会让宝宝觉得吃饭不是轻松愉快的事情，从而对“吃饭”产生反感。宝宝都有吃和睡的规律，一般来说，在白天，宝宝吃饱3～4小时后才需要吃下一餐。如果宝宝肚子不饿，却给宝宝吃，可能会打乱正常的生活规律。

另外，强迫年幼的宝宝多吃，还可能会因进食过量而导致肥胖。根据最近一次全国调查发现，6岁以上孩子的肥胖患病率的上升速度非常快，2010年每20个孩子里面就有一个是肥胖，中小学生（6～18岁）的肥胖率比1985年上升了37倍。肥胖的宝宝不但会影响他的身体健康，例如慢性病高发、代谢紊乱，还可导致孩子对自己肥胖身材的自卑感。可以说，肥胖对儿童身心均有危害。

Q2 宝宝吃饭不专心怎么办？

其实，宝宝的身体有精密的调节系统。爸爸妈妈要相信，宝宝饿的时候就会用身体语言让爸爸妈妈知道，只要根据宝宝的饥饱信号来喂，自然就能吃够。

如果怕宝宝不专心而吃不够，父母可以做两件事情。第一，创造一个良好的进食环境。为避免宝宝进餐时不专心，进餐前要移开可能会使宝宝分心的物品，不要开电视，不要给宝宝玩具。

第二，了解宝宝的进食规律。通常宝宝肚子饿时，他刚开始的10多分钟会吃得较快较专心。大部分宝宝在15～30分钟内可以吃饱。当他停下来四处张望，家长就可以放慢节奏，然后呼唤宝宝的名字，让宝宝注意到你和食物。如果宝宝表现要吃，就继续喂；如果宝宝对食物持续不感兴趣，就是吃饱了。

Q3 宝宝每餐吃的量都不固定，怎么办？

宝宝食量不固定是非常正常的，父母们可以放宽心。好消息是，宝宝有自我调节的系统，如果这餐吃得少点，他懂得自己调节，下餐就可能要求早点吃，或者多吃一点。还是那句话，只要爸爸妈妈根据宝宝的饥饱信号来喂辅食，就不用担心他吃不饱。

宝宝应该吃稀的辅食，还是稠的辅食

妈妈们都知道给宝宝添加辅食的一个原则是“由稀到稠”，所以一开始都给宝宝喂米汤、菜汤、很稀的粥等，而且刚开始的一两个月或者更长的时间都是以这些为主。其实，这是一个认识误区。

世界卫生组织推荐“辅食应该是稠的食物”，包括泥糊状的固体或半固体食物，而不是液体（包括米汤、菜汤、稀粥、奶粉等）。稀的食物无法为婴儿提供足够的能量，会导致营养不良。

婴幼儿胃容量

婴幼儿的胃容量较小，8个月婴儿的胃每餐能容纳大约200毫升。如果食物过稀，就会含有大量水分，很容易将胃填满。此外，含水多的食物中含有的营养素被稀释，总量不足，导致孩子营养摄入不足。因此，食物浓度或稠度在满足儿童能量需要方面有很大的差别。

浓稠的食物有助于补充能量的不足

辅食应该稠得能停留在勺子里，不会掉下来。通常越稠的食物，含有越多的能量和营养素。

辅食适宜的稀稠度

下面我们通过几张图一起来认识一下辅食适宜的稀稠度。

这是米汤，太稀了，不要给孩子喂，会营养不良。

这是稀粥，可以在添加辅食的最初几天喂，让孩子适应。

这是稠粥，应该给孩子喂。还应该在粥里加煮烂碾碎的蛋黄、豆子、黄瓜、红薯、山药等食材，或滴几滴食用油增加食物的稠度和能量。

食物的稠度需要逐渐增加，让孩子有一个适应过程

最开始添加辅食的时候可以稍微稀一些，等宝宝适应了再喂稠的辅食。但适应的时间不能很长，大概一星期为宜。辅食稀稠按月龄增加，具体为以下几步：

- 6～8个月，泥糊状食物；
- 9～11个月，切得很碎或泥糊状的食物，以及儿童能用手抓的食物；
- 12～23个月，家常食物，必要时切碎或捣碎。

为了宝宝能够得到足够的能量和营养素，应尽可能给宝宝喂稠的辅食。

到底是自己做，还是买辅食

自己做辅食还是买辅食，可能是每一位家长都考虑过的问题。带宝宝还要额外做辅食确实是一件非常辛苦的事情，但我们在本书中仍提倡父母在家中给宝宝做辅食。

这是因为爸爸妈妈在给宝宝选购婴儿、幼儿食品时，如果留心查看产品成分表，会看到有一部分婴儿食品和多数幼儿食品都添加糖和钠。美国儿科学会的《儿科学》期刊曾发表对美国销售的1074种婴幼儿食品的调查结果，其中有41种婴儿食品有一种以上添加糖，有72%的幼儿食品含有较高的钠盐和多种代糖。

人对于糖和盐的偏好是天生的。

宝宝对于食物的偏好、饮食习惯和食物的抉择都开始于辅食添加的阶段，并且一旦形成就会持续一生。

过量摄入盐加上肥胖会增加儿童血压升高的风险，而血压高的儿童长大成人后，更容易成为高血压患者，并且继发心血管疾病。糖摄入增加同样也会增加肥胖和患慢性疾病的风险。

所以，从小给宝宝提供一个平衡营养、少盐少糖的膳食，就像给宝宝的健康银行进行储蓄一样，初期投资越多，以后宝宝的身体就越健康，收益越大。

我们并不是反对爸爸妈妈购买辅食。没有时间、没有人帮忙带孩子，或是带宝宝出门的时候，买辅食是一个很好的选择。本书尽量精选营养搭配合理、符合各个年龄段宝宝发育阶段，并经过实践的辅食推荐给大家。这样节省妈妈找食谱的时间。我们也尽量在其中给大家分享省时省力的小窍门，例如一次多做，冰冻起来，或是大年龄段如何巧做，同时解决大人的饭和孩子的辅食。我们希望给爸爸妈妈提供更多的信息，也希望爸爸妈妈在选购时留意辅食的营养成分，为宝宝选择健康食物。

宝宝吃盐有讲究

宝宝辅食要不要加盐，是目前很多家庭会遇到的有争议的喂养问题。宝宝到底多大可以开始吃盐?

首先，我们一起来认识一下盐。食盐的主要成分是氯化钠，具有咸味。氯化钠由氯原子和钠原子组成，是人体内最基本的电解质。其中，钠是人体必需的宏量元素之一，普遍存在于我们日常吃的各种食物中。

钠在人体内主要参与调节体内水分与渗透压，维持酸碱平衡、正常血压以及神经肌肉兴奋性等重要的生理功能。

很多婴儿食物中有盐或钠，只要正常喂养，爸爸妈妈不用担心宝宝会缺钠，也就不会出现“不吃盐没力气”的情况。婴幼儿对钠非常敏感，若婴儿食物中加盐，会造成钠摄入过多。研究表明，膳食钠盐摄入与高血压的直接联系在出生后最初的几个月里就建立了。

如果从小钠盐摄入过多，不利于孩子今后心血管的发育，也易造成成年期高血压。此外，婴幼儿的肾脏功能发育不够完善，不能把体内的钠盐充分排泄出，造成体内钠离子过剩，加重肾脏负担。清淡食物对人的一生健康都有利!

宝宝多大可以吃盐

建议，不要给1岁以内的婴儿食物中加食盐。

国际上有研究表明，在出生后第一年中，婴儿正常生长发育所需要的钠含量非常低，而这些需要量在6月龄前几乎完全可以通过母乳获得，之后可以继续通过母乳和逐渐添加的无盐辅食中获得。

6个月～1岁的宝宝，母乳、配方奶粉、婴儿米粉、面条、米粥等食物中含有的钠足够提供其生长所需，只不过不是氯化钠，没有咸味而已。

家长可能会问："不加盐或调料的食物孩子爱吃吗？"

1岁内，婴儿味觉迟钝，对味道要求不高。蔬菜、蛋黄、肉泥等都有自然味道，加辅食后，保持原始食物味道不会影响进食。只要不用成人食物刺激婴儿，他们完全可以接受不加盐的食物。成人千万不要依自己的口味刻意给婴儿加盐，加盐量要依孩子的接受度而定。大人进食时，若用筷子、馒头等蘸菜汤给婴儿尝有味道的食物，即使味道"清谈"，也会干扰孩子的味觉。如果1岁以内的婴儿在家养成吃盐的习惯，便很难再给无盐食物了。

所以再次强调，1岁以内不吃食盐，1岁以后尽量让孩子吃低盐食品。

培养良好的饮食习惯让宝宝受益终身

开始给宝宝添加辅食后，家长可能会发现宝宝有各种各样的喂养困难表现，如爱边吃边玩、挑食、进餐时间长（超过30分钟）或总吃不饱，等等。一遇到这样的情况，家长就开始焦虑，不知道如何是好。其实，在没有患病的情况下，宝宝出现这样或那样的喂养困难多数是因为没有养成良好的进餐习惯，而良好的进餐习惯需要从小培养。

具体该如何帮助宝宝从小建立良好的进餐习惯呢？家长应从建立一致、持续的餐桌规矩开始。

- 开始给宝宝喂饭前，提前几分钟告诉宝宝马上就要开饭了。如果环境安全，可以让宝宝看着妈妈或者其他大人把辅食盛出来，并以轻松愉快的口气告诉宝宝今天吃的辅食是什么。
- 建立起餐前的某些固定的活动，比如坐在固定的座位上（高脚椅或是宝宝专用餐椅），给宝宝清洁小手和脸，围上小围裙、围嘴或口水兜。
- 妈妈或者其他给宝宝喂饭的大人，要坐在与宝宝同一个高度的位置，能看到对方，这样比较方便观察宝宝的进食，也方便跟宝宝沟通。

Tips 在喂饭的时候，家长主要观察什么

» 根据宝宝吞咽情况，来调整喂饭的速度；
» 宝宝对新食物的反应，是否有些抗拒；
» 宝宝自己伸手拿食物或勺的意愿；
» 宝宝饥饱的“身体信号”。

给宝宝喂饭时要做好充分的思想准备

思想准备一：充分信任宝宝。宝宝有能力判断自己的食量，不用怕他吃得太多或太少。很多追着喂饭的大人，特别是长辈，担心宝宝吃得不够，影响身体发育。其实，即使是本书推荐的辅食摄入量，也只是一个参考。每个宝宝的胃口不一样，即使是同一个宝宝，在不同的时期胃口也不一样。一顿辅食饭量减少，对宝宝并不会造成多大的影响，以一周的食量来衡量可能更为准确。

思想准备二：不要怕宝宝吃得到处都是、脏脏的。如果带宝宝的家人觉得弄脏衣服、地面、桌面等实在难以清洗，可先做一些预防工作，如给宝宝专门准备一件吃饭的小衣服，在地上铺上报纸等。

餐时规矩

什么时候吃以及吃多久

» 尽可能设立一个有规律的正餐进食时间和点心时间，并坚持下去。

» 限制进餐时间（20～30分钟），并严格遵守。这点非常重要！当接近进餐截止时间时，可提醒宝宝剩余时间（如还剩5分钟），督促其尽快吃完。时间一到，即使宝宝没有吃完，家长也要收拾餐具，不再让宝宝进食，严格遵守时间。

»可在宝宝的餐桌上放一个卡通计时器，提醒宝宝遵守时间。

»进餐时间期限尽可能要保持一致并坚持下去。

在哪里吃

» 尽可能让宝宝和家庭其他成员一起吃饭，因为宝宝非常喜欢和他人在一起。

» 在固定座位上进食，要和宝宝明确只有在高脚凳上才能开始吃正餐，并坚持下去。一般让宝宝最多在高脚凳上坐20～25分钟。

» 家长要和宝宝在同一水平坐着喂，以便观察，不要站着喂。

» 不要一边走、跑或玩，一边喂。

» 喂饭时间也是学习和爱的时间，家长喂时要尽可能多地和宝宝说话，并且眼神接触。

» 关上电视，并移走那些让宝宝分心的物品。

» 家长不要在餐桌上使用手机，做好良好的进餐示范。

» 家人不是5星级的家庭服务员，要适当放手。即使宝宝年龄很小，也要给宝宝自己的小碗和小勺，鼓励宝宝自己进食，并对好的进食表现给予表扬。

» 进餐时允许宝宝将餐桌和地上弄得一片狼藉，可以提前在地上铺上报纸或桌布。

» 纠正宝宝不良的进食习惯，并保持一致和持续。

吃什么

» 每个家长都是自家宝宝的营养师。

» 为宝宝提供与年龄相符的食物。本书有不同年龄段的辅食食谱，可以参考，为宝宝制作。

» 坚持保证膳食多样性，尽可能给宝宝尝试多种食物。到30月龄，宝宝应该已尝试70种食物，喜欢53种以上。

对宝宝来说，进餐不仅是获得能量和营养的过程，更重要的是一种体验、一种学习、一种社会交往。建立良好的餐桌规矩对他们以后非常重要！而这其中最重要的一点就是，一旦设立了良好的餐桌规矩，家长就不要随意变动，保持一致，并持续坚持下去。此外，家庭成员也要意见统一，不然宝宝就不知道该听谁的，到头到来可能谁的也不听了。

Tips 宝宝进餐注意事项

» 进餐时，家长要对食物保持中立态度，告诉孩子没有好的和不好的食物之分，都是爸爸妈妈日常吃的家庭食物。

» 宝宝自己是知道饥饱的，家长不要强迫喂食。

» 鼓励宝宝平时多运动。

宝宝不吃辅食怎么办

当家长热情满满地把做好的辅食端到宝宝面前，宝宝没有大口大口吃下去，家长肯定很着急。下面特别针对广大家长在辅食喂养中碰到的常见问题来一一支招。

喂食时可能出现的情况	可能的原因	应对方式
宝宝不愿意吃	宝宝还不太能接受新食物的味道	● 尝试不同的食物搭配，改变食物的口味 ● 改天再让宝宝尝试新食物
	宝宝还不太接受食物质感	● 改变烹调的方法，比如尝试新食谱 ● 调整食物的软硬粗细，通常需要把食物做得更加细腻并易于吞咽
	宝宝已经吃饱了	叫宝宝的名字，将他的注意力吸引回食物上，若宝宝仍然对食物没有兴趣，就表示已经吃饱了
宝宝把食物吐出来或有吐的动作	宝宝已经吃饱了	叫宝宝的名字，将他的注意力吸引回食物上，若宝宝仍然对食物没有兴趣，就表示已经吃饱了
	辅食做得比较稠或者质地太粗糙	● 保持平静，给宝宝擦干净后，妈妈可让宝宝再次尝试 ● 如果宝宝继续吐出食物，那么就需要把食物弄得更细腻并易于吞咽
	给宝宝喂饭的速度太快或者一口的量有点多	放慢喂食的速度或减少每口的分量
宝宝伸手抓或指着食物	宝宝还没有吃饱，还想再吃	继续喂他
	宝宝想要自己拿着吃	给宝宝适合自己抓握的食物（如切成7厘米~10厘米的煮熟的胡萝卜）或勺

续表

喂食时可能出现的情况	可能的原因	应对方式
宝宝伸手抓喂饭的勺	想要自己拿勺	如果喂饭的勺适合宝宝抓握，就让宝宝拿，然后用另外一把勺来喂宝宝
宝宝用勺子到处敲打	宝宝通过敲打发出声音，来探索周围的物品和世界	这是宝宝的一种探索行为，不需要制止，但如果敲打动作骚扰别人，应先分散他的注意力，然后拿走勺子
宝宝不吃食物，而且看起来像在“玩”食物	宝宝通过抓、捏、舔，甚至掷，去认识不同食物的特点，这是个重要的学习过程	此时不用强行制止宝宝，可以先叫宝宝的名字，让宝宝看到匙上的食物，张口时再继续喂

最后，如果宝宝成功学会拿着食物自己吃，妈妈一定要称赞、鼓励，让吃饭成为一件愉快的事情。

手指食物

手指食物，英文叫finger food，顾名思义，就是和手指一般大小的食物。随着宝宝年龄的增长，他们逐渐需要尝试不同质地和口味的食物。到了7～9个月的时候，宝宝能够自己用手捡起小的物品。这时我们就可以为宝宝准备手指食物，一方面可以通过进食来锻炼宝宝精细动作和手眼协调的发育，另一方面也可以让宝宝锻炼自己吃饭，增强独立性。

手指食物好处多多。它可以促进宝宝咀嚼。吃的时候，宝宝会用牙或是牙龈咬，口腔肌肉吸吮，这些都能够促进语言相关肌肉的发育。

并不是所有的食物都适合做宝宝的手指食物，除非具有以下几点：

» 是否入口即化，例如一些即食麦片，放入口中就会化开；

» 是否煮烂可以很容易地捣碎，例如煮烂的蔬菜和水果；

» 是不是本身食物就很软烂，例如芝士、奶酪和豆腐；

» 是不是很容易嚼烂，例如熟了的香蕉，还有煮得很烂的面片；

» 大小是不是合适，因为手指食物大小不需要固定，比较容易嚼烂的或是本身就很软烂的食物，例如香蕉、熟透的哈密瓜等，块儿可以稍微大一点，但是煮熟的鸡肉就要小一点。

哪些手指食物可以吃

- 煮烂的蔬菜，如西蓝花、西葫芦、黄瓜、胡萝卜；
- 软烂的水果，如香蕉、熟透的哈密瓜；
- 蒸软的根茎类，如红薯、紫薯、山药；
- 煮烂的肉（记住要小块）。

很多爸爸妈妈可能还有顾虑，吃这些食物宝宝不会噎到吗？其实，宝宝是很机智的，他们会咬自己能够承受的大小，如果觉得块太大，就会吐出来。由于食物本身比较软烂，所以引起窒息的可能性也比较小。另外，宝宝吃饭的时候旁边要有成人看着。

哪些手指食物不可以吃

- 生的或者硬的水果；
- 一整颗葡萄、樱桃、草莓、圣女果（可以切成几小块）；
- 葡萄干和其他干果；
- 花生等坚果；
- 花生酱或是其他坚果酱；
- 一整条香肠（可以切成非常小的小块）；
- 一大块肉；
- 硬糖、果冻、软糖；
- 爆米花、薯片；
- 棉花糖。

要记得，宝宝这个时候需要的是营养丰富的食物，而不是高热量、高脂肪的食物，如过甜的蛋糕、糖果、饼干等。当然，甜的水果是没有问题的。

如何从喂饭过渡到自己吃饭

辅食添加的目的，除了让宝宝吃好以外，就是让宝宝学习自己吃饭。到底该如何让宝宝完成由喂到自己吃的过渡呢?

抓住机会，开始引导

到了8～12个月大时，宝宝的手眼协调能力逐渐成熟，他会拿起日用品，尝试了解不同用品的用途。当宝宝伸手抓食物或是小勺时，就可以引导宝宝学习用杯子和自己拿起食物吃了。

当宝宝出现下面的行为表现时，爸爸妈妈怎么应对呢?

行为表现一：伸手抓食物。在给宝宝喂饭的时候，宝宝伸手来抓食物，很多爸爸妈妈的第一反应都是把碗和勺子朝背离宝宝的方向拿开，避免宝宝碰到。

其实，这是宝宝在告诉爸爸妈妈，他准备好要学习吃饭了。

正确做法：这个时候可以给宝宝准备一些容易拿起的食物，给宝宝抓着吃，具体参考“手指食物”部分。

行为表现二：用拇指和食指捏起较小物件。当爸爸妈妈发现宝宝可以用拇指和食指捏起较小的物品，例如小珠子时，说明宝宝的精细动作能力在发育。

正确做法：把食物切成薄片，让宝宝用手抓起来拿着吃。

合适的食物：

- 把香蕉或软的水果切成薄片；
- 一小片面包、通心粉。

行为表现三：伸手拿勺子。

正确做法：虽然宝宝一开始还不会用勺，如果宝宝想拿，可以让他拿着勺探索，然后家长用另一个勺喂。

注意事项：给宝宝喂饭或是让宝宝尝试的勺子，材料要无毒无害，勺面圆而小，能够让宝宝安全地咬。

逐渐巩固，习惯自成

等到宝宝快1岁时，他已经慢慢会把勺放进碗中，再放进嘴里，像会吃的样子了。1～1岁半，宝宝会逐渐尝试用勺舀起食物，放进嘴里，动作也会越来越熟练。在这个过程中，爸爸妈妈可以一边喂宝宝，一边让宝宝试着用勺自己吃。另外，家长也给宝宝专门预备一些食物让他拿着吃。

吃饭习惯的两不要

第一不要：用餐时频繁地拭抹宝宝的手和嘴。

正确做法：只要在餐后为宝宝清理就可以了，频繁擦拭会影响宝宝进食的频率和注意力。

第二不要：用餐时让宝宝玩玩具或是看电视。

正确做法：让宝宝专心吃，与喂饭的人互动、交流。让宝宝远离电视和玩具等外界干扰，这样既可以防止因为分心而进食过量，也不会让宝宝养成不愿自己进食、依赖别人喂食的习惯。

每位父母都能成为“辅食达人”

看到别的宝宝吃饭特别香，习惯特别好的时候，爸爸妈妈是否觉得特别羡慕？如何练就成一位喂辅食达人呢？

塑造宝宝良好的饮食习惯的四个关键

父母在吃饭的时候充满正能量，通过积极的引导，让吃饭变成一件愉快的事情。

- 在宝宝面前表现得特别享受吃饭的过程，特别享受有营养的食物，让宝宝觉得吃饭是一件快乐的事情。
- 会尽量跟宝宝一起吃饭，而且在吃的时候用积极的语言讨论食物，比如说：“今天的虾真好吃，新鲜而且很有弹性。”
- 尽量避免大人的食物偏好影响到孩子。例如家中有两个孩子，当老大说“这个不好吃”，妈妈就应该尽量让老大不这样说，避免这样的情绪影响到老二。

鼓励孩子尝试新食物

不要完全按照宝宝的喜好来安排饮食。对于一种新的食物，爸爸妈妈通常都会让宝宝先从一点开始尝试。如果宝宝不吃，爸爸妈妈不要强迫，而要表现得比较坚定，多提供几次尝试的机会，坚持一段时间。或者将这样的食物跟宝宝喜欢的食物混合起来，从一点开始，宝宝适应以后再逐渐增加新食物的比例。

给孩子提供丰富的食物体验

丰富在这里不仅指丰富的食物，还包括各种跟吃饭相关的丰富体验。

给孩子提供各种营养搭配合理的食物，比如经常尝试新的食谱、新的烹调方法。

此外，让宝宝参与选购食物、准备饭菜（在保证安全的前提下）或者选择自己要吃的饭。比如，带宝宝去超市的时候，让宝宝在两种蔬菜中间挑选一种自己喜欢吃的蔬菜，问宝宝“我们买胡萝卜还是白萝卜”。在保证安全的前提下，可以让宝宝参与做饭，比如让宝宝帮忙把削的皮丢到垃圾桶里面。通常宝宝对此都很喜欢呢。

但在超市可不是什么都能给孩子买。对于不健康的食物、零食要尽量不去购买。如果家里可以吃到的食物都是营养健康的，就不用太担心宝宝的营养问题了。

孩子哭闹时是否可以用吃的东西来安抚

1岁半，宝宝的自主意识开始萌芽，表现得有些小叛逆，比如突然就不愿意配合穿外套了。如果爸爸妈妈强制给宝宝穿，宝宝会用大哭大闹来反抗。宝宝哭闹时用吃的东西来安抚是家长常用的一招。这样一来，宝宝通常会转移注意力，可能瞬间破涕为笑。

危机貌似解除了，可是这样真的对吗？

有研究发现，用食物来安抚的儿童更容易出现情绪问题，而且膳食摄入的情况更差。

此外，通过食物来安抚儿童与儿童发生肥胖相关的饮食行为有关系。举个例子，通过食物来安抚，孩子更容易在不饿的时候吃东西，造成食物摄入过多而导致肥胖。

总的来说，如果家长使用食物来调节孩子的情绪，宝宝更容易出现不良的饮食行为习惯。

这是为什么呢?

首先，在婴幼儿时期，孩子什么时候吃饭是由家长来控制的。如果在不饿的情况下给孩子食物，就会让孩子觉得食物有“奖励”这样的性质。比如，宝宝不配合，家长用饼干哄他配合，就会让宝宝觉得这是配合的奖励。

其次，通过食物来安抚孩子，会让孩子将食物和情绪上的舒适挂钩，从而导致孩子情绪性地多吃。

长此以往，孩子不会将饥饿和饱腹感作为吃或是不吃的信号，而是会将自己的负面情绪或者看到食物作为吃的信号。

心理学上有一种心理问题叫作“情绪性暴食”，这种问题会给身体带来伤害。所以，为了让宝宝养成良好的习惯，我们强烈建议家人不要在宝宝哭闹时用食物来安抚。

PART 03

辅食添加的常见问题

宝宝生病时的喂养原则

世界卫生组织推荐，在患病时，孩子应增加液体的摄入，包括增加母乳喂养的频次，鼓励其进食软的、多样的、有口味的、喜爱的食物。康复后，提供较平时更多的食物，并鼓励孩子多吃。

继续母乳喂养

在宝宝患病期间，食欲通常不太好，如果更想吃母乳，那么母乳便成为液体和营养的主要来源。只要宝宝想吃，就应该给宝宝喂母乳。

多补充水分

在宝宝患病期间，身体流失的水分会比平时多，特别是发热和腹泻的时候，所以应该给宝宝提供或鼓励宝宝摄入更多液体。例如，鼓励他多喝水，也可以给宝宝做一些清淡的汤（如冬瓜汤、 番茄汤等）。

辅食质地松软，少量多次

宝宝患病期间不仅胃口会变差，而且还有可能不愿意咀嚼食物。所以在患病期间，家长给宝宝做辅食最好挑选：

- 宝宝喜欢吃的食物；

- 把辅食做得松软可口一些，这样一来宝宝通常会吃得多一些。

此外，患病后每次辅食进食的量会比平时少，家长也不用对此太担心，还是按照宝宝的反应来调节每次喂辅食的量，并且通过少量多次进行喂养。在喂母乳的同时，家长还是应该鼓励宝宝吃一些辅食以保证营养的摄入，并帮助身体恢复。

患病期间推荐易于宝宝消化的食物

宝宝易消化的食物有米糊或米粥、瓜果、鱼肉、鸡肉和豆腐等。

另外，宝宝在恢复期食欲会增加，此时家长应该增加每餐的食物量或每天增加一餐、一次点心等。

宝宝呕吐该怎么喂

呕吐是胃内容物反入食管，经口吐出的一种反射动作。呕吐是身体一种自主反应，通常还伴有恶心或者胃部不舒服的感觉。小宝宝可能还不会表达恶心或是胃部不舒服，只能通过烦躁不安等行为来表现。婴幼儿呕吐，伴或不伴腹泻，最常见的原因都是由病毒引起的胃肠道的感染，又叫“胃肠型感冒”。其中最常见的病毒就是轮状病毒，在秋冬季多发。

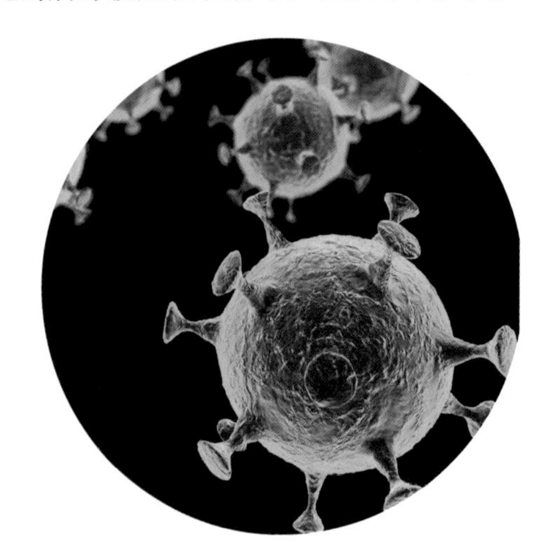

图1：轮状病毒示意图

根据呕吐的次数，呕吐可以分为：

- 轻度，每天1～2次；
- 中度，每天3～7次；
- 重度，吃什么吐什么，或者每天8次及以上。

这里要注意，在呕吐开始的时候，宝宝通常会把之前吃的所有东西都吐出来，这个过程一般持续3～4小时。之后，宝宝通常会开始稳定，减轻到轻度的呕吐。这种情况不属于重度呕吐。

宝宝呕吐的时候，家长通常都很着急。但只要认识到呕吐是机体的一种反应，感染后胃内容物的呕出是对下消化道的一种保护，也许家长就不会这么着急了。而且，呕吐通常持续的时间不会太长，病毒感染所引起的呕吐在12～24小时内就会结束，轻度的呕吐和恶心可能会持续3天左右。

呕吐的宝宝该怎么吃

美国儿科学会科普网站针对呕吐的宝宝给出的建议如下。

对于母乳喂养的宝宝（1岁以内），具体可以进行如下喂养

ORS是帮助机体补充液体的一种药物。目前最新的制剂是口服补液盐Ⅲ，即世界卫生组织最新推荐的低渗配方。ORS是可以在药店买到的。

» 如果只呕吐1次，每1～2小时喂哺一侧乳房；

» 如果呕吐超过1次，每0.5～1小时喂哺5分钟；

» 如果连续4小时没有呕吐，就可以进行常规的母乳喂养；

» 如果呕吐还在继续，那么开始使用ORS；

» 可以用小勺每次少量地喂ORS，一开始每隔5分钟喂1～2勺（约5毫升～10毫升）；

» 使用ORS后连续4小时没有呕吐，就可以喂母乳了，要从少量多次开始，如果宝宝可以耐受，就逐渐增加量；

» 如果已经添加辅食，连续8小时没有呕吐，就可以开始喂辅食；

» 辅食推荐从谷类食物开始（如米糊、烂面条），然后逐渐增加量和食物种类，如果宝宝能够耐受，在24～48小时就可以恢复正常饮食；

» 恢复正常饮食后，一开始的食物要尽量清淡，做得烂一点，比较容易消化。

对于配方奶喂养的宝宝（1岁以内），呕吐后的头8小时给宝宝喂口服补液盐（ORS）

» 如果只呕吐一次，继续按照常规的配方奶喂养；

» 如果呕吐超过一次，头8小时喂ORS；

» 可以用小勺每次少量地喂ORS，一开始每隔5分钟喂1～2勺（约5毫升～10毫升）

» 如果连续4小时没有呕吐，就可以按照加倍的量来喂ORS；

» 如果连续8小时没有呕吐，就可以开始进行常规的配方奶喂养了；

» 如果已经添加辅食，连续8小时没有呕吐就可以开始喂辅食；

» 辅食推荐从谷类食物开始（如米糊、烂面条），然后逐渐增加量和食物种类，如果宝宝能够耐受，在24～48小时后就可以恢复正常饮食；

» 恢复正常饮食后，一开始的食物要尽量清淡，做得烂一点，比较容易消化。

1岁以上的宝宝呕吐后，可以按照如下方式进行喂养

» 呕吐后的头8小时，给宝宝喂水或者ORS，从少量开始，每5分钟2～3勺（10毫升～15毫升）；

» 如果连续4小时没有呕吐，就增加液体量；

» 如果连续8小时没有呕吐，就可以开始喂一些辅食了；

» 辅食推荐从谷类食物开始（如米粥、烂面条），然后逐渐增加量和食物种类，如果宝宝能够耐受，在24～48小时就可以恢复正常饮食；

» 恢复正常饮食后，一开始的食物要尽量清淡，不要认为宝宝没有胃口就多放调料和盐；食物也要尽量做得烂一点，比较容易消化。

特别提示：以上喂ORS的量是一个建议，如果宝宝想喝，不要限制他喝。

宝宝腹泻怎么喂

腹泻不仅是大便次数的增加，而且是性状的改变（不成形、水样、蛋黄样等）。引发急性腹泻的第一位原因还是病毒感染，最常见的和呕吐一样也是轮状病毒感染，其他还有细菌性感染、食物中毒。对于反复发作的腹泻，就要考虑可能是牛奶过敏或者乳糖不耐受。宝宝发生腹泻后最需要关注的问题就是脱水，尤其是小婴儿。

根据腹泻的次数，腹泻可分为：

- 轻度，每天2～5次水样便；
- 中度，每天6～9次水样便；
- 重度，每天10次及以上水样便。

爸爸妈妈遇到宝宝腹泻先不慌，大多数的腹泻都是病毒引起的，是身体排除病原体（病毒、细菌及所产生毒素）的过程。腹泻期间最重要的治疗就是预防脱水。病毒性的腹泻通常持续时间是5～14天，频繁水样便通常会在头1～2天出现，之后不成形大便可能持续1～2周。

腹泻宝宝应该怎么吃

对于轻度腹泻的宝宝，家长可以采用如下喂养方式：

- 保持正常饮食，可以多吃一些谷类食物（如米粥、烂面条）；
- 多饮水或者奶；
- 避免喝果汁和软饮料，否则可能会加重腹泻。

1岁以内、母乳喂养的宝宝出现频繁水样便，可以按照以下方式喂养：

- 继续母乳喂养，喂养量可比平时大；
- 宝宝每拉一次大量的水样便（超过平时量）补充一次ORS（60毫升～120毫升），尤其是尿色黄时；
- 已添加辅食的宝宝，可以继续喂辅食，建议先喂一些谷物食物，24小时后就可以恢复正常的饮食了。

1岁以内、配方奶喂养的宝宝出现频繁水样便，可以按照以下方式喂养：

- 使用4～6小时ORS，预防脱水，量不限制，宝宝想喝多少喝多少；
- 6小时后喂配方奶，量比平时稍多；
- 宝宝每拉一次大量的水样便（超过平时量）补充一次ORS（60毫升～120毫升），尤其是尿色黄时；
- 已添加辅食的宝宝，可以继续喂辅食，建议先喂一些谷类食物，24小时后就可以恢复正常的饮食了。

1岁以上的宝宝出现频繁水样便，可以按照以下方式喂养：

- 液体摄入量应该比平时更多；
- 如果宝宝愿意吃辅食，可以给宝宝喝水或ORS；如果宝宝不愿意吃辅食，可以给宝宝喂奶；
- 宝宝每拉一次大量的水样便（超过平时量）补充一次ORS（120毫升～240毫升），特别是尿色黄时；
- 保持正常的辅食喂养频率，食物尽量先以谷物食物为主；
- 食物要尽量清淡，不要认为宝宝没有胃

Tips 预防尿布疹

»每次腹泻后，最好用温水冲洗宝宝的小屁屁，尽量减少刺激；

»如果肛门周围的皮肤发红，可以用一些护臀霜。

口就多放调料和盐；

- 食物要尽量做得烂一点儿，比较容易消化；
- 24小时后就可以恢复正常的饮食了。

以上护理建议都是针对宝宝情况不严重时，配合医生的诊疗建议的家庭护理。如果宝宝出现以下症状，请立即就医：

- 呕吐超过24小时；
- 出现脱水的症状，如尿的次数减少、哭时没有眼泪、高热、口干、消瘦、烦渴、精神萎靡、眼眶凹陷；
- 腹泻加重；
- 大便有血；
- 腹泻超过2周。

宝宝食物过敏的应对方法

食物过敏是指身体对某些食物产生不正常的免疫应答反应。如果宝宝对食物过敏，可能在数小时内出现症状。其中最常见的症状包括：

- 风疹（荨麻疹）、湿疹恶化；
- 眼、舌、脸、嘴和唇肿胀；
- 腹泻，呕吐。

较罕见但严重的症状包括：

- 呼吸困难，休克。

容易引起过敏的食物

婴幼儿时期，90%的食物过敏与牛奶、鸡蛋、大豆、小麦、花生、鱼、虾、坚果这8种食物有关。

虽然上面列的食物比较容易引起过敏，但是也应该给宝宝尝试，如果过敏再停，因为这些食物营养丰富。

值得注意的是，刚开始添加辅食的时候，建议易引起过敏反应的食物可以只喂很少的量。如果没有问题，再逐渐分次增加。在制作辅食时，食物要煮

Tips 防过敏误区

»除非宝宝已确诊患有食物过敏，否则家长可在6个月以后让宝宝尝试易引起过敏的食物；

»延迟或完全不吃这些食物并不能减低特异性皮质炎（湿疹）或过敏性疾病的发病机会；

»千万不要因为过分担心过敏反应而限制宝宝食物的选择。

熟，而且每次只尝试一种新食物。新食物要从1小勺开始喂，逐渐增加量，连续吃2～4天。细心观察宝宝是否出现过敏的症状。如无过敏反应，便可继续尝试另一种新食物。

宝宝过敏了该怎么办

如果爸爸妈妈怀疑宝宝有食物过敏症状，请暂停进食该类食物，并立即咨询医生做详细诊断。已被确诊为对食物过敏的宝宝，必须遵照医生的指示来进食，严格回避致敏食物。医生会指导家长选择可保证宝宝正常生长发育的其他食物来进行替代。

添加辅食后影响宝宝大便怎么办

宝宝6个月时开始吃固体食物，大便的颜色、频率和稳定性会发生变化。从添加辅食开始，宝宝的排泄物会更加黏稠、更成形，而且固体食物的摄入也增大了便秘的可能性。喂给宝宝吃的食物也会改变排泄物的颜色：

- 如果喂他吃胡萝卜和红薯，大便就会呈橘黄色；
- 喂青豆和豌豆则会让大便呈绿色。

另外，有些食物宝宝消化不了，就会原封不动地排泄出来，遗留在尿布上。

随着辅食添加量的增加，宝宝的排便习惯可能改变。如果爸爸妈妈发现宝宝的大便中有食物残渣也不用担心，这是正常的现象，也提示爸爸妈妈下次可以把辅食做得再细一些。不过，如果宝宝腹泻、大便有血或者大便带黏液，应该尽快带他看医生。

如何预防宝宝便秘和腹泻

预防宝宝便秘或腹泻首先是要记录宝宝的排泄规律。因为每个孩子的肠道功能表现不一样，了解自己孩子的正常排便规律和状况，就需要记录孩子大便的正常次数和形状。这不仅有助于爸爸妈妈做出判断，也利于在就诊的时候儿科医生判断宝宝是否发生了便秘或腹泻，以及严重程度，以便及时采取措施。

下面以9～11月龄宝宝一周食谱为例，看看怎么记录宝宝的大便。

记录示例

	早餐辅食	点心	午餐辅食	点心	晚餐辅食	大便
周一	红薯粥	磨牙饼干	南瓜小油菜猪肉粥	菠萝豆腐奶昔	猪肝菠菜紫菜面	1次；黄色（有食物颗粒）；不成形软便
周二	南瓜粥	苹果香蕉泥	红薯油麦菜猪肉粥	红薯菜花泥	紫甘蓝杏鲍菇三文鱼粥	2次；均为褐色软便
周三	番茄鸡蛋面	红薯蛋黄泥	萝卜杏鲍菇牛肉粥	南瓜红枣泥	猪肝番茄香菇面	2次；均为黄色软便
周四	三文鱼松粥	鸡肉橘子泥	香菇胡萝卜虾仁粥	磨牙饼干	萝卜油麦菜三文鱼粥	1次；褐色便；较昨日稍成形
周五	小油菜粥	菠萝豆腐奶昔	南瓜彩椒鸡肉粥	红薯蛋黄泥	鲜虾胡萝卜面	3次；均为黄色软便
周六	紫甘蓝鸡蛋面	红薯花菜泥	菠菜紫菜鸡肉粥	苹果香蕉泥	菜花彩椒牛肉粥	2次；均为褐色软便
周日	肉末鸡蛋羹	南瓜红枣泥	紫甘蓝胡萝卜肉末粥	鸡肉橘子泥	香菇小油菜虾仁面	1次；黄色（有食物颗粒）；不成形软便

其次，分清便秘和腹泻，从而调整饮食结构。

便秘的症状包括：

- 很多天不正常排便；
- 大便坚硬，不易排出，且伴随疼痛；
- 腹痛（胃痛、痉挛、恶心）；
- 肛门因撕裂而出血。

如果宝宝得了便秘，那么排便时会显示出困难和疼痛的迹象，排出的大便也会又硬又干。

添加辅食以后如果宝宝发生便秘，建议：

- 调整饮食结构，在食物中增加更多的膳食纤维；
- 鼓励孩子摄入更多的水。

切记不要给宝宝服用任何泻药，应当及时就医，医生会针对症状采取治疗措施。

当大便含水量比正常多时，就出现腹泻。腹泻是儿童常见情况，特别是6个月～2岁的儿童，而小于6个月非母乳喂养的婴儿也易发生。大便性状正常，仅次数增多者，不能称之为腹泻。大便的次数可因宝宝的年龄和饮食而异。这里要特别跟大家强调，纯母乳喂养的婴儿，大便的性状一般比较软，这不是腹泻。

那么，腹泻的定义是什么呢？

世界卫生组织、联合国儿童基金会和我国卫生健康委员会指导方针编写的《儿童疾病综合管理》中，将腹泻定义为24小时稀便或水样便3次及以上。注意，如果宝宝腹泻，应及时到医院就诊。

宝宝挑食怎么办

从1岁开始，很多妈妈都会发现宝宝开始有了自己的喜好，这个阶段是宝宝自我意识开始萌芽的时候。慢慢地，宝宝会表现出偏爱某种食物或者不喜欢某种食物。

宝宝挑食

我们先要对挑食做一个定义。

大家对于到底宝宝什么情况算挑食可能说法不一。我们总结了一个比较新而且比较全面的定义。挑食宝宝的表现有：

- 每日的膳食中食物的摄入种类少；
- 不愿意尝试新的食物；
- 不愿意吃蔬菜或某一类食物；
- 有强烈的食物偏好，也就是说对某一种类的食物特别喜欢，而对另一种类的食物特别不喜欢；
- 对食物的制作方式有偏好。

1岁以内的宝宝无论何种表现，都不能叫挑食。因为6个月～1岁的宝宝刚开始尝试各种各样的食物和质地，通常需要一个接受的过程。所以，这个时候家长不要过早认为宝宝挑食，只需要多一点耐心就好。

宝宝为什么会挑食

原因一

挑食与母乳喂养时间过短和提前添加辅食有关。所以，坚持纯母乳喂养6个月，然后开始添加辅食，可以减少宝宝挑食的发生。

原因二

爸爸妈妈的食物偏好也跟孩子挑食有关。比如，妈妈经常吃水果和蔬菜，宝宝挑食（不吃水果蔬菜 ）的比例更低。这样的影响不仅是言传身教，而且与遗传有一定关系。宝宝可能从爸爸妈妈身上继承的基因就会影响其对于食物味道的偏好，所以对于某些食物味道的抗拒是与生俱来的。因此，不吃香菜的爸爸妈妈生出了不吃香菜的宝宝，是可以理解的。

原因三

挑食的宝宝往往常吃零食和糖果。经常吃这些食物，宝宝就不会愿意吃那些更健康的食物了，比如蔬菜。所以，我们强烈推荐在给宝宝加餐时，尽量选择新鲜的蔬菜或水果，或我们推荐的点心食谱。

原因四

提供的膳食不够丰富，也会造成宝宝挑食。这也提示各位家长，花点心思，同一种食物变换不同的做法，或者每餐加不同的食物种类。色香味美宝宝才爱吃。

挑食的危害

挑食的危害中首当其冲的就是营养不均衡。挑食的宝宝由于会选择性地多吃或者少吃某一类食物，长期累积下来会导致：

- 维生素等微量元素的缺乏。我国有研究报道，挑食的宝宝钙的摄入量只是推荐量的63%，锌的摄入量只有推荐量的52%，维生素A、维生素C、维生素D的摄入量分别只有推荐量的82%、58%和37%。
- 膳食纤维摄入不足，或者是牛奶或乳制品摄入太多，都有可能会引发便秘。

最新的研究更是发现，中重度挑食的儿童，发生焦虑、抑郁的可能性会增加。中度挑食还跟分离性焦虑和儿童注意力缺陷多动障碍（ADHD）有关。

轻松三步应对挑食宝宝

真正重度挑食的宝宝往往是本身有一些基础性的疾病，例如自闭症。目前，某些国家有专门的饮食治疗室和治疗师，跟父母一起来对宝宝进行一些饮食行为的治疗，从而来帮助宝宝摄入更加平衡的膳食。下面介绍的理论大都发源于这样的饮食行为治疗，因为其中的一些心理行为原理是通用的。为了大家更好地理解，本书将这些原理转变为轻松应对的3个步骤。

第一步：从一小勺开始

首先，家长需要了解宝宝有哪些不喜欢吃的食物或食物种类。一开始（通常在一顿辅食开始的时候），舀一小勺（大约黄豆大小）宝宝不喜欢的食物，然后告诉宝宝，只要吃这么一小勺就可以了。研究已经证实，宝宝对于食物的接受程度与勺子大小和勺中食物的量有关，一小勺食物的接受程度高，勺子上食物量越大就越不愿意接受。所以从一小勺开始，可以最大限度地减少孩子对食物的抗拒，并增加对于不喜欢食物的依从性。

如果宝宝吃进去以后吐了出来，那么再舀一小勺，让宝宝吃。宝宝在尝试的过程中，出现一些拒绝、哭闹的情况，家长要尽量保持冷静，平静地跟宝宝重复“只要吃这么一小勺就可以了”，或者告诉宝宝食物的名称“这是西蓝花，有绿色的小花”，而不是埋怨宝宝“怎么不吃，你太挑食了”。

如果宝宝愿意尝试一口，那么就需要鼓励他。可以跟宝宝说：“宝宝吃了一口西蓝花，吃进了好多营养！”也就是说，对于正面的行为（希望宝宝出现的行为），家长要强化、重视，让宝宝了解到家长的预期。

第二步：重复

有了第一次成功的尝试，下面就需要重复，让宝宝习惯食物的口味。在重复的过程中，可以逐渐增加食物的量。如果4次里面有3次，宝宝在30秒内就把一勺黄豆大小不喜欢吃的食物吃掉，就可以增加勺内食物的量，如增加到半勺。同样，如果4次里面有3次，宝宝在30秒内就把半勺食物吃掉，就可以增加勺内的食物量到一勺。

通过重复并逐渐增加食物的量，可以让宝宝更加适应食物的口味。宝宝通常需要尝试7～10次，才能最终适应不喜欢或是新鲜食物的口味。

第三步：食物混合

为了逐步把宝宝之前不喜欢的食物引入日常的膳食中，爸爸妈妈可以把宝宝之前吃到一勺量的不喜欢的食物和喜欢的食物混合在一起。最开始的比例可以是1：9，也就是1勺不喜欢的食物，加入到9勺喜欢的食物中。例如，如果宝宝喜欢吃牛肉粥，但是不喜欢吃西蓝花，就可加1勺西蓝花到9勺牛肉粥中，按这个比例来混合。

接下来就是重复和逐渐加量，当宝宝连续3次吃这样1：9的混合辅食，并且吃完了推荐量的75%，例如1岁半的宝宝推荐吃到1碗（250毫升）的量，每次宝宝都吃了大半碗的时候，就可以将混合的比例调高到2：8，即2勺不喜欢的食物，加入到8勺喜欢的食物中。如果宝宝连续3次都能吃到推荐量的75%，就可以进一步增加不喜欢食物的比例，直到宝宝能够吃到推荐量。

另外，吃饭很容易变成一个父母和宝宝之间发生矛盾的点。1岁多开始，宝宝的自我意识逐渐萌芽。宝宝开始说“不”，表达自我，还会反抗。这都是宝宝成长到这个阶段的正常心理行为过程。很多时候，宝宝之前很配合的日常生活，例如洗澡、吃饭，开始变得不配合了。吃饭往往是其中最令父母头疼的，因为不仅关系到良好的生活习惯，更关系到宝宝是否能够摄入营养丰富的食物，得到最好的生长发育。这时候不仅需要家长掌握营养的知识、辅食的制作技巧，更需要了解宝宝的心理行为发育特点，有针对性地去应对和处理宝宝的挑食。

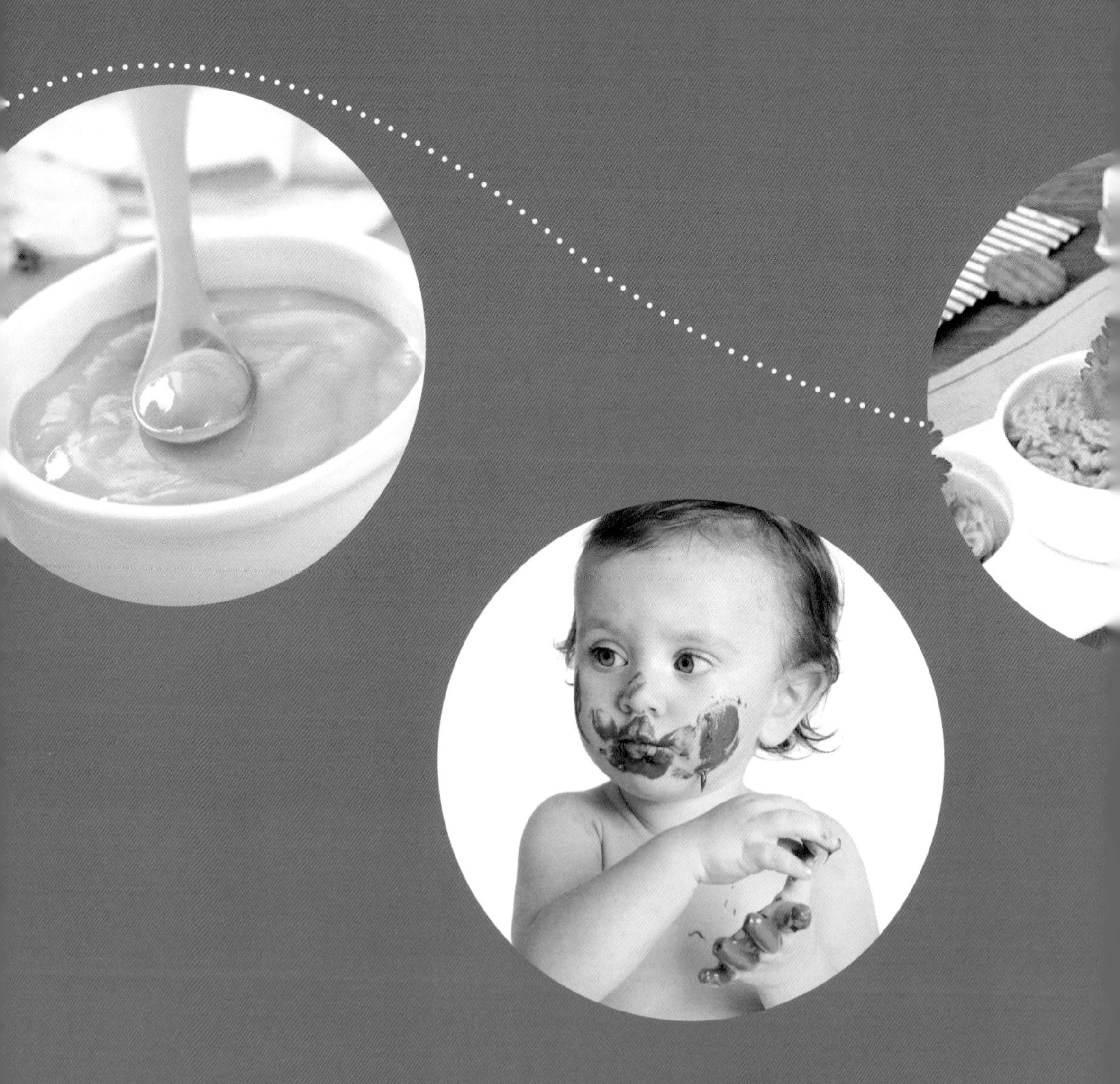

PART 04

添加辅食前妈妈需要了解的常识

辅食制作工具篇

古语说，“工欲善其事，必先利其器”，给宝宝做辅食也是一样。要给宝宝做出合适质地的辅食，基本的装备还是很必要的。下面来跟妈妈们介绍一下辅食制作的必备工具。

过滤网

过滤网绝对是给6～8个月宝宝制作辅食时的利器。图1的过滤网是宝宝辅食套装里面的过滤网；图2的过滤网比较常见，一般家用豆浆机或做蛋糕时都会用到，两种都可以。在选购的时候认准不锈钢材质的，因为容易清洗（可以用刷奶瓶的小刷子刷），也不会生锈，还比较耐热。通常做好食物以后放到过滤网中过滤1～2次，辅食也就不会那么烫。使用辅食套装的过滤网下面配了一个小碗，滤完直接就可以喂给宝宝了。

过滤网还可以用来处理煮好的蔬菜肉粥。把切碎或搅碎的肉、大米和蔬菜一起熬米糊时，总会有一些大的颗粒，质地也不是特别顺滑。这个时候经过过滤网的过滤就能使米糊呈均匀泥糊状，让宝宝顺滑入口，易于吞咽。

过滤网也可以单独用来过滤蔬菜、肉类食物。

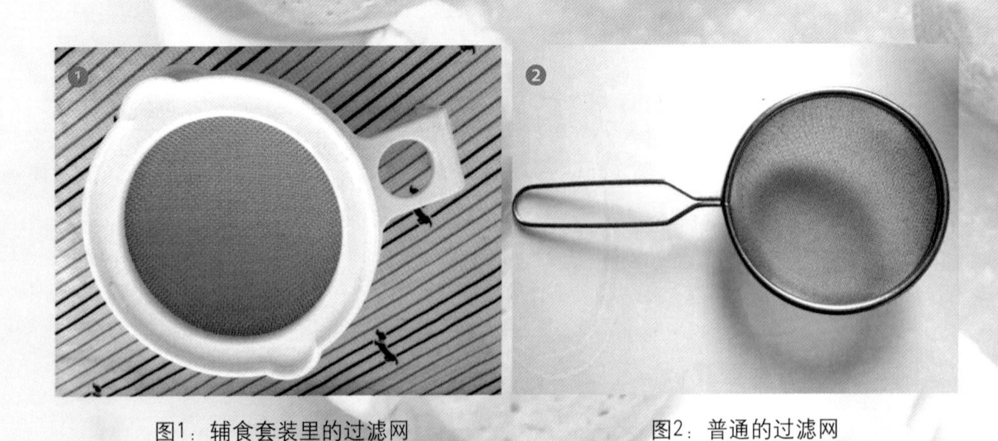

图1：辅食套装里的过滤网　　图2：普通的过滤网

图3：过滤前的西葫芦牛肉米糊

图4：过滤后的西葫芦牛肉米糊

图5：过滤猪肝

研磨盘
研磨器

研磨盘和研磨器都适合于研磨比较坚硬的蔬菜和水果，例如胡萝卜、黄瓜、苹果、梨。洗干净去皮的蔬菜和水果，可以直接放在研磨盘或研磨器中研磨成非常细的末。

这是用研磨盘研磨黄瓜的效果。磨好的黄瓜就可以直接加入到米糊中了。

图6：研磨黄瓜

这是用研磨器研磨梨的效果。研磨好后，将梨放在锅里煮一下就可以喂给宝宝了。

图7：研磨梨

研磨钵 研磨棒

研磨钵和研磨棒是宝宝辅食工具中常见的套装搭配。蔬菜除了上面提到的在滤网中过滤，有些煮好的蔬菜（如毛豆、西蓝花）也可以放在研磨钵中捣碎。

图8：捣碎毛豆

此外，研磨钵还可以捣煮好的鱼肉。

图9：捣碎鳕鱼

还有一种专门捣泥的套装，比较适合做土豆泥、红薯泥、南瓜泥等。可以先把这些容易捣成泥的食材蒸或煮软，然后去皮切小块，放在研磨碗中捣成泥即可。

图10：制作南瓜泥

料理棒
料理机

在做米糊的时候，通常需要把米浸泡一段时间，再用料理棒打碎。这样只需要几分钟就能做好米糊。料理棒搭配不同的配件，还可以打蛋和绞肉（见图12）。料理机比较难清理，相对而言，料理棒更加灵活，还不占地方，也更容易清洗，价格也更加亲民。

图11：料理棒碎米

图12：料理棒绞肉

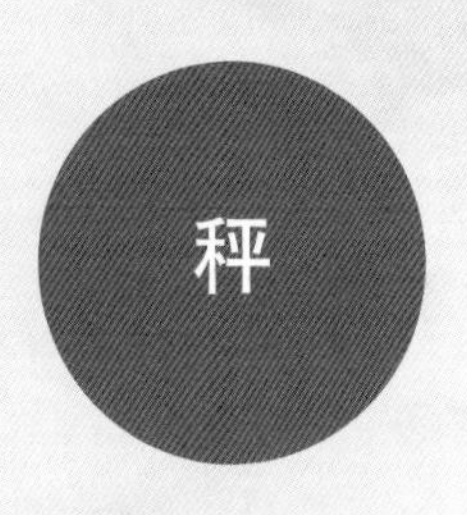

秤

秤虽然不是一定需要的东西，但是按照我们的食谱来做，并确保宝宝营养的搭配合理、能吃饱，秤会起到很大的帮助作用。

图13：电子秤

切菜板刀

妈妈并不需要为制作宝宝的辅食单独采购切菜板和刀，只是要注意使用切菜板和刀的时候，最好是按照蔬菜类用、肉类用、水果类用分门别类，并且生熟分开，才能保证食物的卫生。

辅食专用冷冻盒

现在市面上有专门用于冷冻宝宝辅食的冷冻盒，可以一次多做一些肉、蔬菜，冻入专门的辅食专用冷冻盒，方便又省时。另外，平时煮肉或鱼的汤也可以冻起来，做米糊的时候可以放一些，高汤煮味道和营养都更好。

图14：冷冻的肉

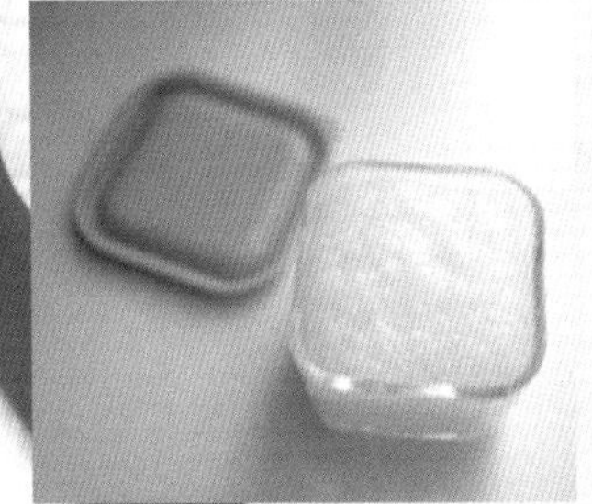

图15：冷冻的米糊

分蛋器

宝宝刚加鸡蛋的时候只给加蛋黄，不加蛋白。这个时候一个分蛋器就可以轻松分离蛋黄和蛋白。当然，手艺高强的妈妈用蛋壳倒来倒去也能搞定，就不需要分蛋器了。

图16：分蛋器

不同年龄段食材的烹调方法

大米

大米是宝宝最开始添加辅食需要用到的食材。辅食添加的不同阶段，大米的做法也会有所不同。

- 在6个月刚开始添加辅食的阶段，我们以大米为原材料制作米糊。米糊的稠度一般是1：8～1：10,也就是说1克大米加入8毫升～10毫升的水（图17）。
- 9～11月龄的宝宝可以过渡到6～8倍的水做成粥，制作的时候不需要过滤（图18）。
- 12月龄及以上的宝宝加入4～6倍水做成软米饭，不需要将大米再打碎了（图19）。

另外，煮米糊、粥或者软米饭的水也可以选用高汤，这样做出来更加鲜美。

图17：适合刚开始添加辅食、6～8月龄宝宝的米糊

图18：适合9～11月龄宝宝的粥

图19：适合12～23月龄宝宝的软米饭

肉类

很多家长都觉得刚添加辅食时，宝宝不能吃肉，不好消化。其实，肉类只要做法得当，6个月的宝宝就可以开始添加了。肉中富含铁，能够有效地预防宝宝贫血。不同月龄，肉的颗粒大小会有一些不同。

图20：适合刚开始添加辅食、6～8月龄宝宝的肉泥

图21：适合9～11月龄宝宝的肉末

图22：适合12～23月龄宝宝的肉丁

绿叶蔬菜

绿叶蔬菜含有丰富的维生素以及钙、磷、铁等矿物质，又有促进肠道蠕动的纤维素。这些都是宝宝发育所必需的营养素，所以他们的饮食中应每天都有新鲜蔬菜。同时，蔬菜中含有丰富的维生素C，能够有效促进动物性食物中铁的吸收。

不同年龄段的宝宝对食物的质地有不同要求。对于6个月的宝宝，绿叶蔬菜类最好制成菜泥，这就要用到研磨棒和滤网过滤。年龄稍大的儿童需要锻炼牙齿的咀嚼功能，菜叶切碎即可。

图23：适合刚开始添加辅食、6月龄宝宝的青菜泥

图24：适合7～8月龄宝宝的菜泥

图25：适合9～11月龄宝宝的菜末

图26：适合18～23月龄宝宝的菜丁

瓜果类

瓜果类的食物很多，制作方法在不同月龄也会有所不同。给6～8月龄宝宝做这类食物，通常需要先将食材煮软，然后再切碎和研磨。对于9～11月龄的宝宝，可以把食材先煮一下，煮软后再切成3毫米～5毫米的小丁。对于12～23月龄的宝宝，可以直接把食材切碎成5毫米～8毫米大小。

图27：适合刚开始添加辅食、6～8个月宝宝的黄瓜泥

图28：适合9～11月龄宝宝的黄瓜末

图29：适合12～23月龄宝宝的黄瓜丁

豆类

豆类食物富含蛋白质，是辅食食材的重要组成部分之一。制作豆类食物，一定要煮熟。对于小年龄段的宝宝，在制作豆类的时候，不仅要煮熟，最好还把外层皮去掉，这样更方便宝宝咀嚼和吞咽。

图30：适合刚开始添加辅食、6～8月龄宝宝的豌豆泥

图31：适合9～11月龄宝宝的豌豆末

图32：适合12～23月龄宝宝的豌豆丁

根茎类

根茎类的食物不但可以添加到辅食正餐中，而且是辅食加餐的好选择。根茎类的食物，如胡萝卜、土豆、红薯，对于6～8月龄的宝宝来说，蒸熟以后就可以轻松捣成泥了。为了更好地锻炼9～11月龄宝宝的咀嚼能力，可以把根茎类食物切成3毫米～5毫米的末。对于12～23月龄的宝宝，可以切成5毫米～8毫米的小丁。

图33：适合刚开始添加辅食、6～8月龄宝宝的胡萝卜泥

图34：适合9～11月龄宝宝的胡萝卜末

图35：适合12～23月龄宝宝的胡萝卜丁

其他蔬菜类

其他蔬菜的制作大致和瓜果类、根茎类等蔬菜的制作方法是一致的。在6～8月龄这个阶段，尽量利用煮和研磨工具将食材做成泥状。9～11月龄和12～23月龄就可以根据食材的软硬程度来决定是否需要煮软，之后再切成3毫米～5毫米或者5毫米～8毫米的颗粒大小。颗粒大小的改变也是逐渐过渡的，

先从小颗粒（3毫米）开始，如果宝宝的咀嚼吞咽都没有问题，再慢慢过渡到大一点的颗粒。

图36：适合刚开始添加辅食、6~8月龄宝宝的番茄泥

图37：适合9~11月龄宝宝的番茄末

图38：适合12~23月龄宝宝的番茄丁

图39：适合刚开始添加辅食、6~8月龄宝宝的西蓝花泥

图40：适合添加辅食9~11月龄宝宝的西蓝花末

图41：适合添加辅食12~23月龄宝宝的西蓝花丁

坚果类

坚果类食物，如核桃、杏仁等富含不饱和脂肪酸，但是千万不要不经过处理直接给宝宝吃，否则很容易引起窒息。我们推荐将这些坚果类的食物，

先煮或烘烤一下，再用电动研磨器磨成粉，加入到粥或者软米饭中，每次只要3克~5克，就会特别香。

图42：磨成粉的核桃

宝宝吃辅食的常备用具

宝宝的餐具挑选有哪些事项要注意？如何更好、更安全地喂宝宝呢？

喂辅食的勺

- 勺嘴要柔软；
- 勺大小要符合宝宝一口食物的分量（不要太深）；
- 长直柄的勺要易于拿起；
- 安全的材质，要无毒、不易碎。

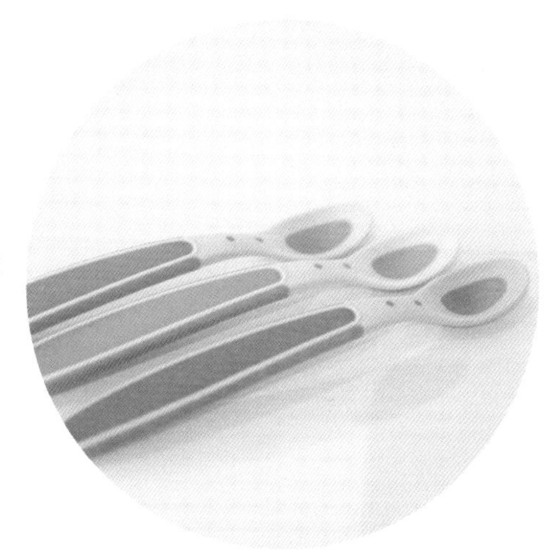

图43：勺

图44：碗

喂辅食的碗

喂辅食的碗同样要选择安全无毒的材质，而且不易碎。

另外，建议妈妈们选购250毫升的碗，这样能够参考本书介绍的辅食量，评估出每一餐宝宝吃的辅食有多少。

宝宝吃辅食时的座椅

在开始添加辅食时就要让宝宝坐在固定的椅子（如活动餐椅或高脚椅）上吃饭，让宝宝意识到坐在这把椅子上就该进餐了。

另外，家长应该坐在跟宝宝同一水平的位置，这样家长可以：

- 方便与宝宝沟通，避免宝宝觉得无趣而不专心进食；
- 观察宝宝进食的状况，并且观察宝宝吞咽时是否顺畅；
- 观察宝宝对尝试新味道和新食物的反应；
- 示范引导宝宝进食，比如让宝宝张口尝试新食物。

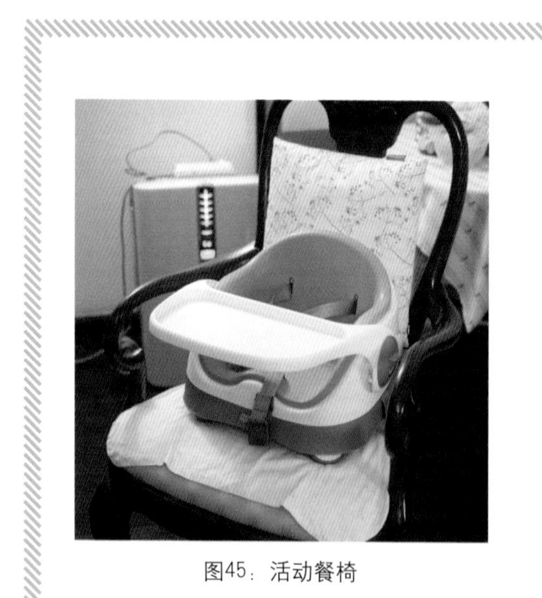

图45：活动餐椅

图46：高脚椅

Tips 注意，不要让宝宝这样进食

»抱在怀里喂辅食，这样家长看不到宝宝吃辅食的情况，沟通和观察都不太方便；

»坐在地上，因为宝宝学会爬以后就不会安心坐在一个地方吃饭了；

»坐在婴儿车里，因为宝宝学会爬以后，这样做就有可能产生危险，而且宝宝也容易不专心吃辅食。

PART 05

6～23月龄宝宝膳食计划和辅食日志

6～8个月宝宝的膳食计划和辅食日志

只要懂得合适地搭配不同的食物，宝宝便能得到所需的营养素，同时又可逐步过渡到吃各种食物的家常饮食。

为什么要制订宝宝的膳食计划

第一，帮助爸爸妈妈更好地掌握宝宝喂养情况。

给宝宝添加辅食的时候，有工作的妈妈都已经重返工作岗位了。每天给宝宝准备辅食和喂辅食的重任就落在了照顾宝宝的家人或保姆身上，妈妈很难完全了解宝宝的膳食营养情况。制订宝宝的每日膳食计划，可以让在家照顾宝宝的人轻松准备爸爸妈妈搭配好的营养丰富的辅食，爸爸妈妈也可以了解宝宝在家吃辅食的情况，省时又省心。

第二，方便采购和准备。

有了膳食计划，家长就可以了解宝宝吃过哪些食物，在一周中变化不同的食材，满足宝宝全面的营养需求。又因为辅食所需要食材的量非常少，提前计划好可以方便采购，而且家人的饭桌也会丰富起来。在制订膳食计划的初期，要记住每一种食材都应该给宝宝连续尝试2～4天。

Tips 辅食添加原则

给宝宝添加新的食物时，要安排宝宝尝试3天，在观察宝宝一切正常后，再开始尝试下一种食物。

如何给6～8个月宝宝制订膳食计划

只要懂得合适地搭配不同的食物，宝宝便能得到所需的营养素，同时又可逐步过渡到吃各种食物的家常饮食。

第一步，选择食材。

- 宝宝每日的膳食中都应该包括谷物、蔬菜、水果和肉鱼蛋豆类。1岁以上的宝宝还可以加入奶类食物。
- 宝宝的膳食计划应该包含多种食物，让宝宝接触不同的口味。家长可轮流选取同一类别的各种食物，如不同的肉、鱼、水果和蔬菜。
- 食物的质地应该适合宝宝的咀嚼能力，如一开始添加水果的时候，可以添加比较软烂的水果。
- 谷物、蔬菜、水果、肉鱼蛋豆类等食物摄入要均衡，每类食物都不要过多或过少。最好的膳食就是平衡的膳食。

第二步，制订食谱。

6个月刚开始添加辅食时，很多爸爸妈妈心里都忐忑无比。到底给宝宝吃什么？怎么做？怎么喂？我们推荐从给宝宝吃家里自己做的米糊开始。从米糊开始的几点好处：

- 家庭制作的米糊不含任何添加剂，食材新鲜，而且在米糊的基础上添加其他类别的食物会更加方便，谷类食物过敏的概率相对比较小；
- 添加米糊2～4天后，如果宝宝反应比较好，就可以在米糊的基础上添加肉、蔬菜等，尝试各种丰富的搭配。

从下面第一周推荐的食谱示例中大家可以看到，每一样新的食物引入，我们都会安排宝宝尝试3天，在观察宝宝一切正常后，就可以开始尝试下一种食物了。

第一周推荐的食谱示例

	周一	周二	周三	周四	周五	周六	周日
辅食	米糊	米糊	米糊	牛肉米糊	牛肉米糊	牛肉米糊	西蓝花牛肉米糊
量	从1～2勺（每勺为10毫升）开始，慢慢根据宝宝的胃口来增加						

如何喂宝宝吃泥糊状食物：

- 做好餐前预备，让宝宝坐好；
- 让宝宝看见勺上的食物，同时告诉宝宝食物的名称；
- 当宝宝张嘴后，把勺平放入宝宝的口中；
- 宝宝合上嘴后，以水平方向取出勺，不要把食物倒入宝宝的口中。

如何给7～8个月宝宝制订膳食计划

7～8个月的宝宝已经逐渐适应了辅食。当一顿辅食的食物中包含了谷类、蔬菜和肉鱼蛋豆类时，而宝宝吃的分量又基本满足我们的推荐量，就可以替代一顿奶。每日辅食的次数也可以从每日一顿过渡到每日两顿，并根据宝宝的胃口添加水果或者点心加餐。

下面的食谱适用于辅食添加1个月以后，已经尝试过谷类、肉类（包括鱼）和蔬菜、水果的宝宝。

一日膳食计划

奶	辅食	点心*
按宝宝的需要喂母乳（600毫升～800毫升）	谷类（40克～110克） 肉类（包括鱼，25克～40克） 蔬菜（25克～50克） 水果（25克～50克）	婴儿饼干（偶尔吃） 蔬菜泥或水果泥（酌情）

* 点心如果是蔬菜泥或是水果泥，可以跟当日的辅食正餐进行合并来计算，如当日吃过了两种蔬菜，那么就可以加一次水果泥（25克～50克）。

一周食谱示例

	周一	周二	周三	周四	周五	周六	周日
午餐辅食	圆白菜牛肉米糊	西葫芦猪肉米糊	油麦菜牛肉米糊	番茄鳕鱼米糊	小油菜鸡肉米糊	西蓝花牛肉米糊	黄瓜鸡肉米糊
点心	苹果泥	梨泥	香蕉泥	梨泥	磨牙饼干	香蕉泥	苹果泥
晚餐辅食	黄瓜牛肉米糊	油麦菜猪肉米糊	小油菜牛肉米糊	西蓝花鳕鱼米糊	西葫芦鸡肉米糊	圆白菜蛋黄米糊	番茄三文鱼米糊

* 添加量：宝宝每餐可以逐渐吃到半碗（250毫升为一碗）。

一周采购菜单

肉鱼蛋类	蔬菜	水果	谷类
牛肉 猪肉 鸡肉 三文鱼 鳕鱼 鸡蛋	圆白菜 西蓝花 西葫芦 黄瓜 番茄 油麦菜	苹果 梨 香蕉	大米 面粉

6～8月龄食谱

6~8个月儿童每日营养素参考摄入量表

营养素	6~8个月儿童每日营养素参考摄入量
能量/千卡	80*
蛋白质/克	20.0
脂肪/（%总能量）	40**
维生素A/微克	350
维生素B_1/毫克	0.3
维生素B_2/毫克	0.5
维生素C/毫克	40.0
钙/毫克	250
铁/毫克	10.0
锌/毫克	3.5

* 此数据为每公斤体重每日所需能量，爸爸妈妈要根据宝宝的体重进行具体计算。
** 此数据为脂肪占全天总能量的比例。

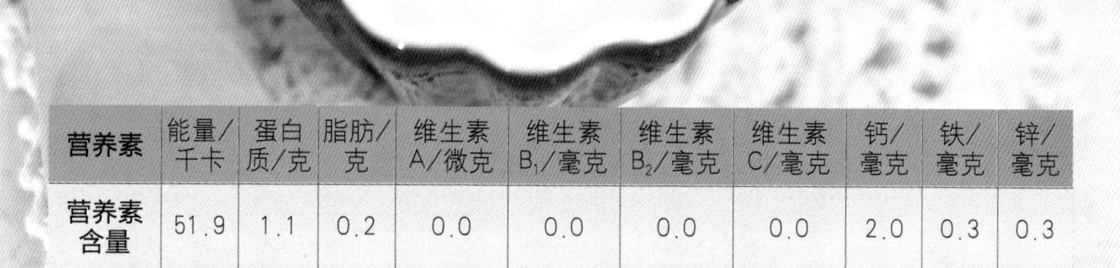

营养素	能量/千卡	蛋白质/克	脂肪/克	维生素A/微克	维生素B_1/毫克	维生素B_2/毫克	维生素C/毫克	钙/毫克	铁/毫克	锌/毫克
营养素含量	51.9	1.1	0.2	0.0	0.0	0.0	0.0	2.0	0.3	0.3

自制米糊

宝宝长到6个月，要开始添加辅食了。第一顿给宝宝添加什么呢？自制米糊是很合适的选择。

具体步骤

第1步 称15克大米。

第2步 将大米倒入清水中浸泡20～30分钟。

第3步 用搅拌棒将大米打碎。

第4步 将打碎的米倒入锅中，加150毫升水，文火熬煮7～8分钟。

第5步 熬到米糊逐渐黏稠，最后能挂在勺子上，并且勺子倾斜米糊刚好能流动为最佳。

第6步 将熬好的米糊在滤网上过滤2次。

牛肉米糊

牛肉是婴幼儿辅食阶段重要的铁元素来源，也是贯穿整个辅食阶段重要的肉质食材。辅食制作中所用的牛肉不能太过油腻，需要先去除牛肉上的肥肉及筋腱。另外，牛肉泥可以一次多准备些，放到冰箱的冷冻室中，下次制作时可直接取出利用。

营养素	能量/千卡	蛋白质/克	脂肪/克	维生素A/微克	维生素B_1/毫克	维生素B_2/毫克	维生素C/毫克	钙/毫克	铁/毫克	锌/毫克
营养素含量	58.6	2.2	0.4	0.0	0.0	0.0	0.0	2.1	0.4	0.5

原料

大米……15克

牛肉……5克

水……150毫升

具体步骤

第1步　称5克牛肉，去除牛肉的筋膜和肌腱（图片中呈白色的部分）。

第2步　将处理好的牛肉在搅拌机中搅碎。

第3步　用搅拌棒将米打碎。

第4步　将打碎的米放入锅中，加入150毫升的水，再放入绞搅的牛肉。

第5步　文火熬煮7~8分钟。

第6步　将熬好的牛肉米糊在滤网上过滤2次。

营养素	能量/千卡	蛋白质/克	脂肪/克	维生素A/微克	维生素B_1/毫克	维生素B_2/毫克	维生素C/毫克	钙/毫克	铁/毫克	锌/毫克
营养素含量	59.7	2.3	0.4	0.6	0.0	0.0	2.0	4.5	0.4	0.5

圆白菜牛肉米糊

制作圆白菜时新手妈妈要注意其茎部由于纤维素过多，比较坚硬难嚼，建议去掉，只给宝宝食用叶子部分。而且，圆白菜的茎部也会最先腐烂，所以在保管食材的时候，可以将根茎和叶子部分切开，单独存放。

原料

大米……15克　圆白菜……10克

牛肉泥……5克　水……150毫升

具体步骤

第1步　圆白菜（图上为了拍照效果是30克）清洗备用。

第2步　将水烧开，然后把圆白菜放到沸水中煮软。

第3步　将煮软的圆白菜切碎。

第4步　将切碎的圆白菜放在钵中进一步研磨成泥状。

第5步　将圆白菜泥放入煮好的牛肉米糊中。

第6步　将煮好的圆白菜牛肉米糊在滤网中过滤2次。

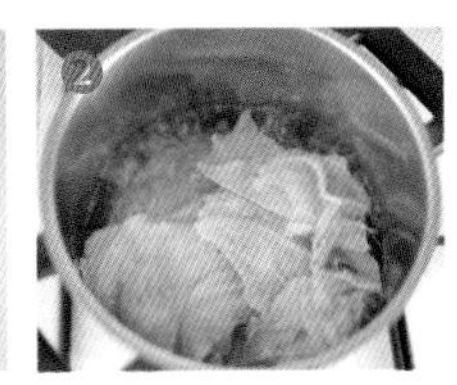

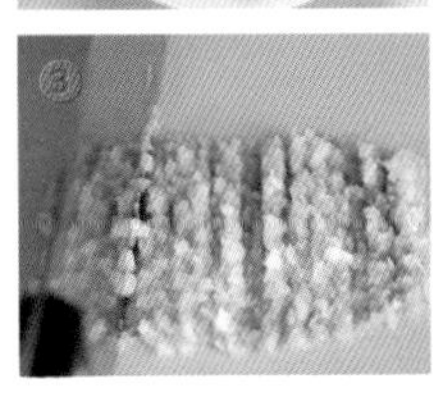

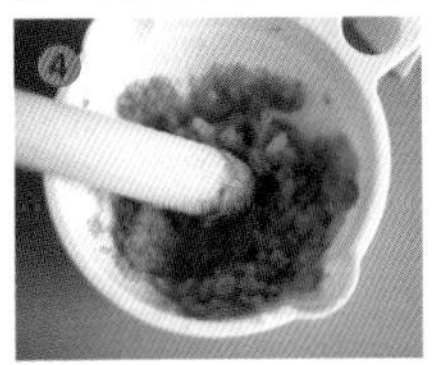

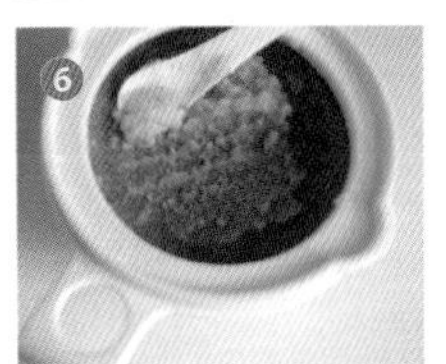

西蓝花牛肉米糊

蔬菜里面富含维生素C，可以促进动物性食物（肉类、肝脏等）中铁的吸收，所以“谷类+肉类+蔬菜类”的组合既营养丰富，又美味可口。对于消化功能和咀嚼功能尚未发育完善的婴幼儿，制作辅食时一般选用西蓝花的“花”部分。

原料

大米……15克	西蓝花……5克
牛肉泥……5克	水……150毫升

具体步骤

第1步　将西蓝花清洗备用。*

第2步　将水烧开，然后把西蓝花放到沸水中煮软（叉子能够穿透西蓝花梗就可以了）。

第3步　只保留煮熟的西蓝花“花”的部分。

第4步　将西蓝花“花”的部分切碎。

第5步　将切碎的西蓝花放在钵中捣烂，进一步研磨成泥状。

第6步　然后将西蓝花泥放入煮好的牛肉米糊中，稍微搅拌一下即可。

第7步　将煮好的西蓝花牛肉米糊在滤网中过滤。

第8步　根据宝宝的需要，可以再过滤一次。

* 为减少蔬菜农药残留，在处理时，瓜果根茎类蔬菜尽量去皮。无法去皮处理的蔬菜清洗后在清水中浸泡30分钟，可有效减少农药残留。

营养素	能量/千卡	蛋白质/克	脂肪/克	维生素A/微克	维生素B_1/毫克	维生素B_2/毫克	维生素C/毫克	钙/毫克	铁/毫克	锌/毫克
营养素含量	60.3	2.4	0.4	60.1	0.0	0.0	2.5	4.6	0.4	0.5

西葫芦牛肉米糊

原料

大米……15克　　西葫芦……10克

牛肉泥……5克　　水……150毫升

具体步骤

第1步　西葫芦（10克西葫芦大约是0.2厘米厚的一片），清洗备用。

第2步　将水烧开，把西葫芦放到沸水中煮软（西葫芦中间略呈黄色）。

第3步　将煮软的西葫芦去皮，切碎。

第4步　将切碎的西葫芦放在钵中进一步研磨成泥状。

第5步　将西葫芦泥放入煮好的牛肉米糊中。

第6步　将煮好的西葫芦牛肉米糊在滤网上过滤，制作完成。

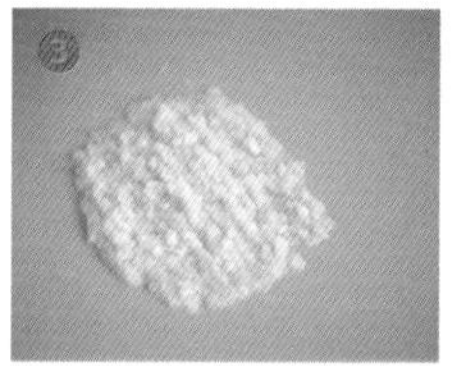
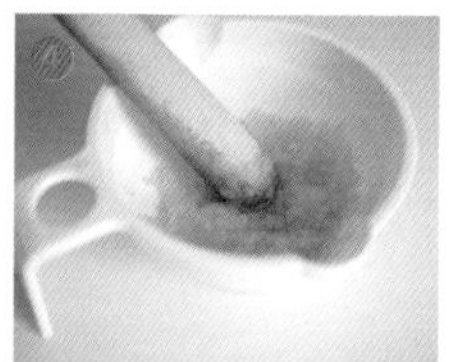
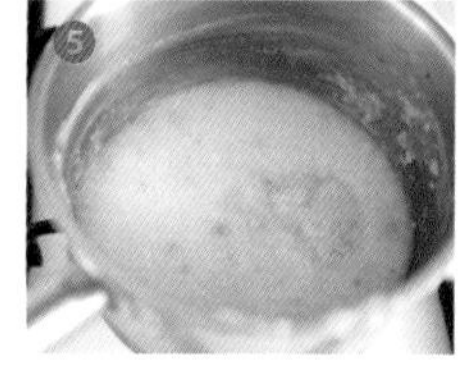
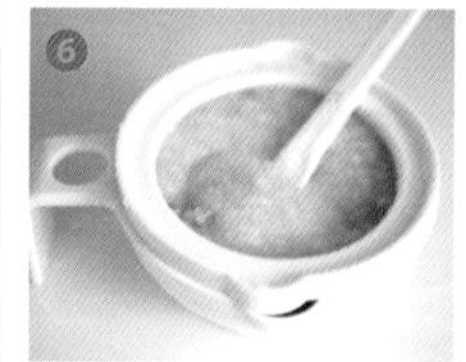

营养素	能量/千卡	蛋白质/克	脂肪/克	维生素A/微克	维生素B_1/毫克	维生素B_2/毫克	维生素C/毫克	钙/毫克	铁/毫克	锌/毫克
营养素含量	60.4	2.3	0.4	0.5	0.0	0.0	0.6	3.6	0.4	0.5

营养素	能量/千卡	蛋白质/克	脂肪/克	维生素A/微克	维生素B_1/毫克	维生素B_2/毫克	维生素C/毫克	钙/毫克	铁/毫克	锌/毫克
营养素含量	70.9	3.5	0.9	2.2	0.0	0.0	2.7	15.6	0.7	0.7

毛豆牛肉米糊

豆类是蛋白质的良好来源。夏季是毛豆上市的季节，冬季有豌豆上市，这些都是给宝宝制作辅食的好食材。需要注意的是，毛豆在烹煮的时候切记要煮熟，给宝宝吃不熟的毛豆对身体有害。

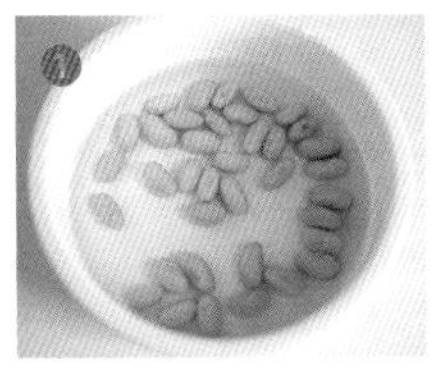

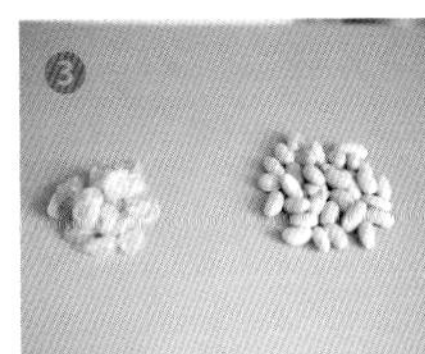

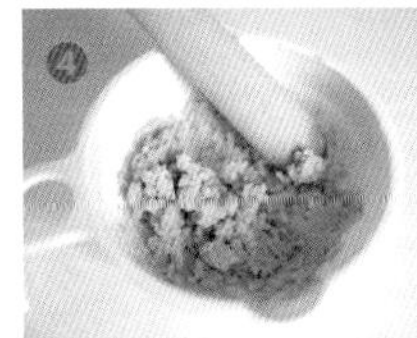

原料

大米……15克　　毛豆……10克

牛肉泥……5克　　水……150毫升

具体步骤

第1步　毛豆清洗备用。

第2步　将水烧开，然后把毛豆放到沸水中煮30分钟。

第3步　将煮软的毛豆过一遍凉水，再去皮。*

第4步　将去皮的毛豆放在钵中捣成泥状。

第5步　将毛豆泥放入煮好的牛肉米糊中。

第6步　根据宝宝的需要，将煮好的毛豆牛肉米糊在滤网中过滤1～2次。

* 毛豆的皮比较难以咀嚼，因此在宝宝刚开始添加辅食的时候可以把皮去掉。妈妈们给宝宝做玉米、豌豆的时候也可以这样处理。

红薯黄瓜牛肉米糊

黄瓜的水分比较充足，加入米糊中会稀释米糊。所以在熬米糊的时候，妈妈可以适当少放一些水，让米糊稀稠合适，这样宝宝摄入的辅食营养密度才够。

原料

大米……15克

牛肉泥……5克

红薯……15克

黄瓜……10克

水……120毫升

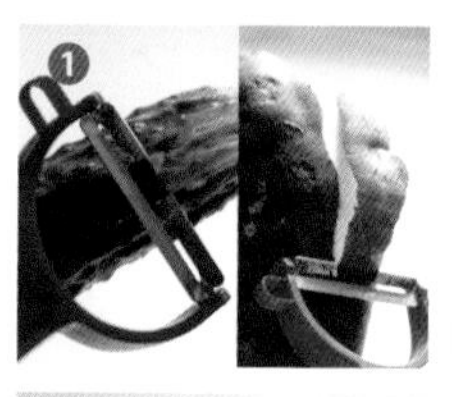

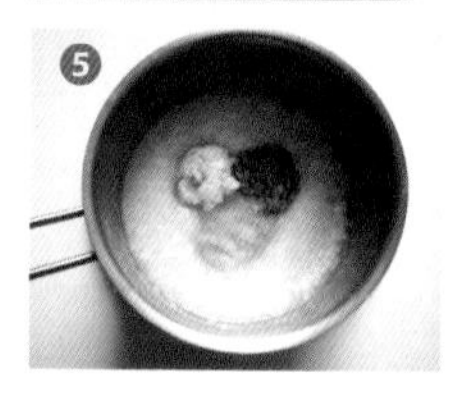

具体步骤

第1步　将黄瓜、红薯清洗干净后去皮。

第2步　用研磨碗将黄瓜磨成黄瓜泥。

第3步　将红薯切成块，再放到蒸锅中蒸熟。

第4步　蒸熟后的红薯在研磨钵中捣成红薯泥。

第5步　将红薯泥、黄瓜泥、牛肉加到米糊中，小火煮8～9分钟。根据宝宝的需要可过滤1次。

营养素	能量/千卡	蛋白质/克	脂肪/克	维生素A/微克	维生素B_1/毫克	维生素B_2/毫克	维生素C/毫克	钙/毫克	铁/毫克	锌/毫克
营养素含量	65.5	2.4	0.4	12.5	0.0	0.0	0.4	4.8	0.4	0.5

小油菜雪梨牛肉米糊

原料

大米……15克
雪梨……10克
水……120毫升
牛肉……5克
小油菜……10克

在米糊里面加入雪梨，会增加辅食清爽的口感。尤其是在夏天闷热的天气里，清爽的辅食会更受宝宝的欢迎。

具体步骤

第1步　将雪梨去皮，切成约两个拇指大小的长条。

第2步　将梨条放在研磨碗中研磨成梨泥。

第3步　将小油菜清洗干净后，去掉茎，将叶子部分放到沸水中焯一下，用十字交叉刀法切成非常碎的碎末。

第4步　将小油菜碎、梨泥加到煮好的牛肉米糊中，用文火煮6～8分钟即可。根据宝宝需要，可过滤1次。

营养素	能量/千卡	蛋白质/克	脂肪/克	维生素A/微克	维生素B_1/毫克	维生素B_2/毫克	维生素C/毫克	钙/毫克	铁/毫克	锌/毫克
营养素含量	66.9	2.4	0.4	18.1	0.0	0.0	0.1	18.1	0.5	0.5

营养素	能量/千卡	蛋白质/克	脂肪/克	维生素A/微克	维生素B_1/毫克	维生素B_2/毫克	维生素C/毫克	钙/毫克	铁/毫克	锌/毫克
营养素含量	66.4	3.1	0.6	659.4	0.0	0.2	1.9	3.5	2.7	0.6

番茄猪肝米糊

动物的肝脏里面富含铁、锌、维生素A还有B族维生素，但猪肝不能一次性吃太多。

原料

大米……15克　　番茄……10克

猪肝……10克　　水……150毫升

具体步骤

第1步　番茄洗净后去子，在沸水中烫煮一下。

第2步　捞出后凉凉去皮。

第3步　将煮好去皮的番茄在研磨碗中捣成泥。

第4步　将猪肝在沸水中煮熟，煮到叉子能够穿过去后再煮2～3分钟，这样猪肝更软烂。

第5步　将煮熟的猪肝切碎。

第6步　用搅拌机或是刀背将碎猪肝碾成泥。

第7步　将番茄泥和猪肝泥放到熬好的米糊中，煮6～7分钟即可。

第8步：根据宝宝的咀嚼能力，过滤1～2次。

营养素	能量/千卡	蛋白质/克	脂肪/克	维生素A/微克	维生素B_1/毫克	维生素B_2/毫克	维生素C/毫克	钙/毫克	铁/毫克	锌/毫克
营养素含量	65.6	3.1	0.6	651.5	0.0	0.2	1.8	4.4	2.7	0.6

冬瓜猪肝米糊

原料

大米……15克　去皮冬瓜……10克

猪肝……10克　水……150毫升

具体步骤

第1步　将冬瓜切成小丁。

第2步　把切丁的冬瓜放到沸水中煮2～3分钟，煮软。

第3步　将煮软的冬瓜放到研磨碗中捣成冬瓜泥。

第4步　将猪肝煮至软烂，并切碎。

第5步　将切碎的猪肝在滤网上过滤。

第6步　将冬瓜泥和过滤好的猪肝末放到熬好的米糊中。

第7步　中火煮6～8分钟后，根据宝宝的需要，过滤1～2次。

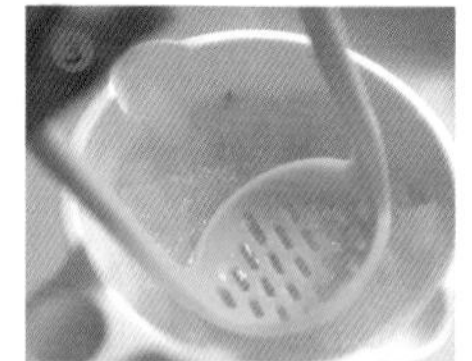

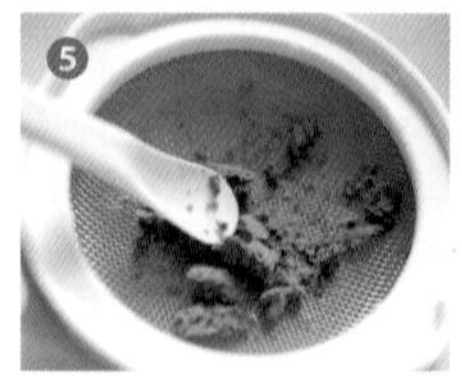

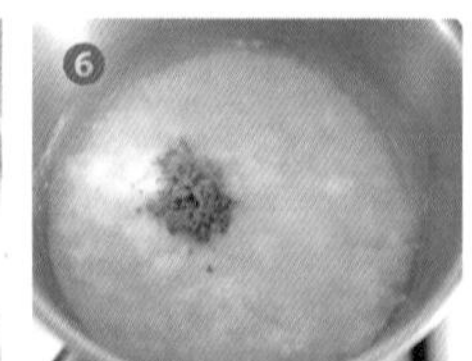

空心菜胡萝卜牛肉米糊

原料

空心菜……10克

大米……15克

胡萝卜……10克

牛肉泥……10克

水……120毫升

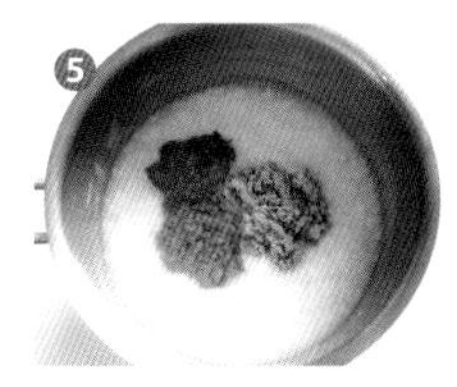

具体步骤

第1步　空心菜清洗干净后，将茎部切掉，只保留叶子部分，放入沸水中焯一下。

第2步　焯好后用十字交叉刀法切成菜泥。

第3步　胡萝卜清洗干净后去皮。

第4步　将胡萝卜在研磨盘中研磨成碎末。

第5步　将处理过的空心菜和胡萝卜加到牛肉米糊中，小火煮8～10分钟就可以了。

第6步　根据宝宝咀嚼能力发育情况，可以过滤1～2两次。

营养素	能量/千卡	蛋白质/克	脂肪/克	维生素A/微克	维生素B_1/毫克	维生素B_2/毫克	维生素C/毫克	钙/毫克	铁/毫克	锌/毫克
营养素含量	69.9	3.7	0.7	93.8	0.0	0.0	3.4	14.8	0.6	0.8

番茄鳕鱼米糊

鳕鱼，肉质白细鲜嫩、营养丰富，是非常适合宝宝食用的一种食材。在购买鳕鱼时要注意，不要贪便宜买含有蜡酯的油鱼，油鱼中的蜡酯不易被消化，易引起宝宝腹泻。

原料

大米……15克　鳕鱼……10克

番茄……10克　水……150毫升

具体步骤

第1步　将番茄清洗去子。

第2步　将煮软的番茄去皮，然后放到研磨碗中捣成番茄泥。

第3步　将鳕鱼放到锅中，加入清水煮烂。

第4步　将煮好的鳕鱼去皮（鳕鱼皮不太容易捣烂）、去骨（鳕鱼一般都是一些大的骨头，很容易剔除）、切碎。在熬煮鳕鱼的过程中，鱼皮中的一些脂肪会进入汤中。把这些鱼汤冻起来做成高汤块，每次用来煮米糊，味道更鲜美，也能获得更多的能量。

第5步　将切碎的鳕鱼用研磨碗、刀背捣碎，或用搅拌机打成泥。

第6步　将番茄泥和鳕鱼泥放到熬好的米糊中煮2分钟。

第7步　根据宝宝的需要，过滤1次。

营养素	能量/千卡	蛋白质/克	脂肪/克	维生素A/微克	维生素B_1/毫克	维生素B_2/毫克	维生素C/毫克	钙/毫克	铁/毫克	锌/毫克
营养素含量	62.6	3.2	0.2	10.6	0.0	0.0	1.9	7.2	0.4	0.4

胡萝卜鳕鱼米糊

原料

大米……15克　　鳕鱼……15克

胡萝卜……15克　水或高汤……150毫升

具体步骤

第1步　胡萝卜去皮，切成1厘米～2厘米厚的片。

第2步　将胡萝卜用水焯熟。

第3步　将焯过水的胡萝卜切碎后，用研磨棒捣成泥。

第4步　鳕鱼蒸熟后碾成泥。

第5步　熬米糊，加入胡萝卜泥、鳕鱼泥，熬煮7～8分钟。

第6步　根据宝宝的需要，过滤1～2次。

营养素	能量/千卡	蛋白质/克	脂肪/克	维生素A/微克	维生素B_1/毫克	维生素B_2/毫克	维生素C/毫克	钙/毫克	铁/毫克	锌/毫克
营养素含量	68.9	4.3	0.2	104.8	0.0	0.0	1.4	12.3	0.5	0.4

油麦菜鳕鱼米糊

油麦菜质地脆嫩，用来给宝宝做辅食时一定要经过仔细处理才可以让宝宝吃。

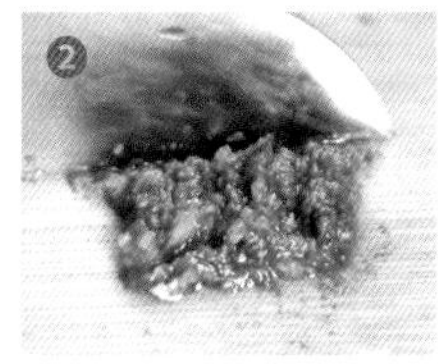

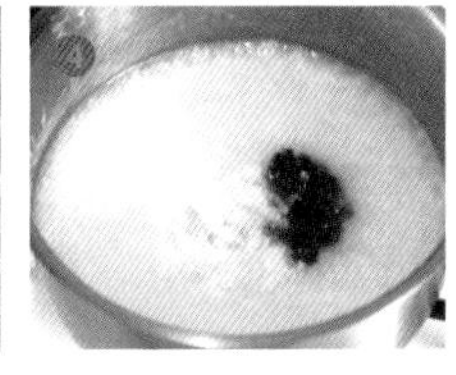

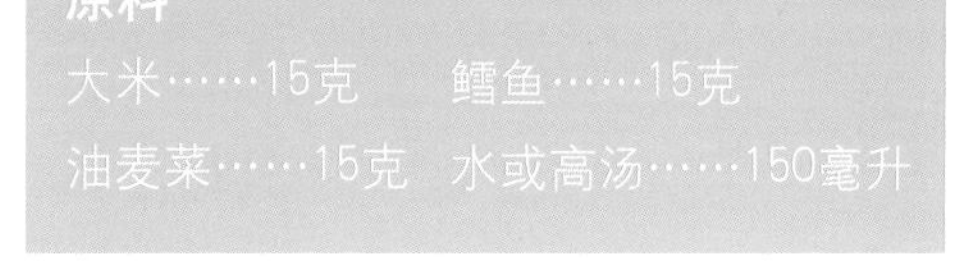

原料

大米……15克　　鳕鱼……15克

油麦菜……15克　水或高汤……150毫升

具体步骤

第1步　油麦菜清洗干净后，用水焯一下。

第2步　将焯好的油麦菜采用十字交叉刀法切碎。

第3步　鳕鱼蒸熟后碾成泥。

第4步　熬米糊，加入油麦菜泥、鳕鱼泥，熬制7～8分钟。

第5步　根据宝宝的需要，过滤1～2次。

营养素	能量/千卡	蛋白质/克	脂肪/克	维生素A/微克	维生素B_1/毫克	维生素B_2/毫克	维生素C/毫克	钙/毫克	铁/毫克	锌/毫克
营养素含量	66.3	4.3	0.3	20.9	0.0	0.0	0.3	17.3	0.5	0.4

豌豆三文鱼米糊

三文鱼蛋白质含量较高，还有丰富的Omega-3不饱和脂肪酸，对宝宝的大脑发育很有好处。

原料

大米……15克　　三文鱼……10克

豌豆……10克　　水……150毫升

具体步骤

第1步　取新鲜的豌豆，剥外皮，清洗备用。

第2步　锅中倒入水，煮沸，然后将新鲜的豌豆在锅中煮熟（15分钟左右）。

第3步　将煮好的豌豆捞出，然后剥去豆皮。

第4步　将豌豆放到研磨碗中，捣成豌豆泥。

第5步　将三文鱼放入蒸锅中蒸10分钟。

第6步　将蒸熟的三文鱼碾成泥。

第7步　将豌豆泥和三文鱼泥加到熬好的米糊中，搅拌均匀后再用小火熬煮1～2分钟。

第8步　根据宝宝的需要，过滤1～2次。

营养素	能量/千卡	蛋白质/克	脂肪/克	维生素A/微克	维生素B_1/毫克	维生素B_2/毫克	维生素C/毫克	钙/毫克	铁/毫克	锌/毫克
营养素含量	76.5	3.7	0.9	5.9	0.0	0.0	1.4	6.2	0.6	0.4

营养素	能量/千卡	蛋白质/克	脂肪/克	维生素A/微克	维生素B_1/毫克	维生素B_2/毫克	维生素C/毫克	钙/毫克	铁/毫克	锌/毫克
米糊营含量	76.5	4.1	1.3	59.5	0.0	0.1	7.1	32.0	1.2	0.5

苋菜三文鱼米糊

原料

大米……15克　三文鱼……15克

苋菜……15克　水……150毫升

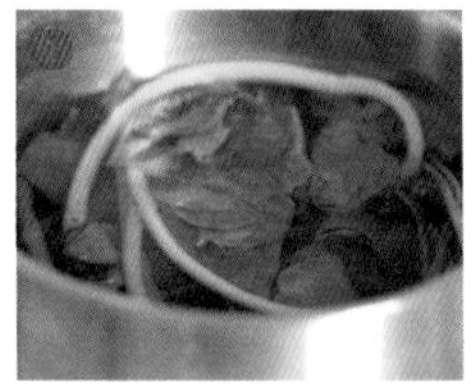

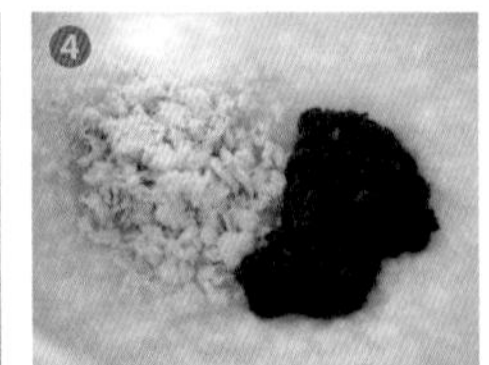

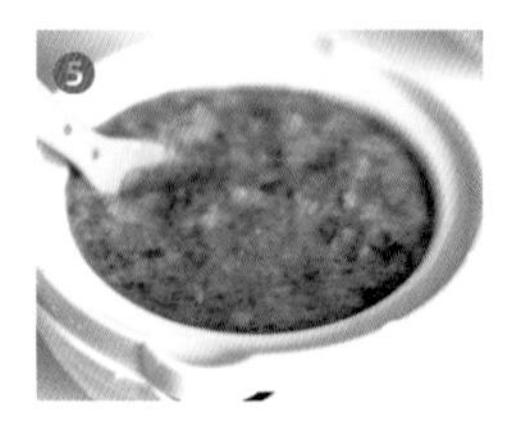

具体步骤

第1步　将苋菜清洗干净后，用水焯一下。

第2步　将焯好的苋菜切碎，并用研磨棒将苋菜捣成泥。

第3步　将三文鱼蒸熟后，剁成泥。

第4步　熬好米糊后，再加入苋菜泥、三文鱼泥，中火煮2～3分钟即可。

第5步　根据宝宝的需要，过滤1～2次。

菜花三文鱼米糊

菜花是婴幼儿常用的辅食食材，和西蓝花一样，给宝宝制作辅食一般采用“花”的部分。

原料

大米……15克　　三文鱼……10克

菜花……10克　　水……150毫升

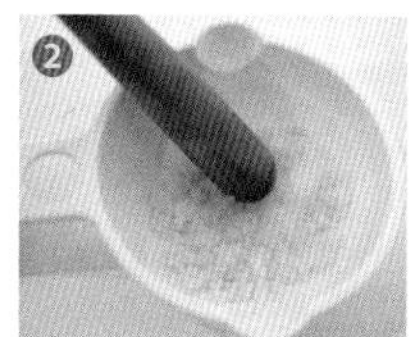

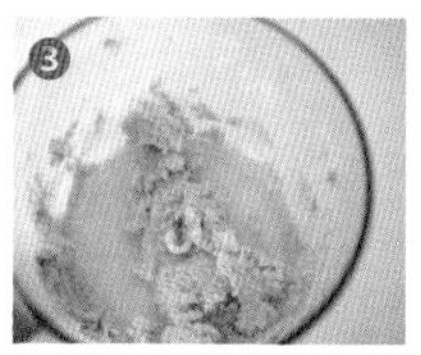

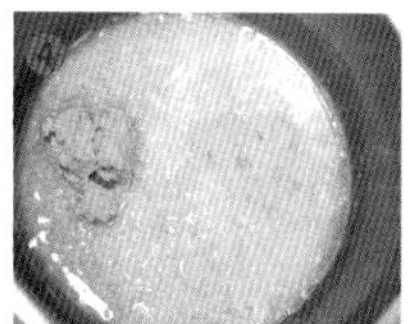

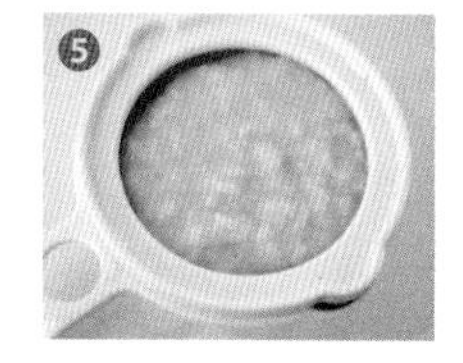

具体步骤

第1步　将菜花洗净，择成小块，放入沸水中焯一下。

第2步　去掉菜花的茎，只保留“花”的部分，切碎并捣成菜泥。

第3步　三文鱼蒸熟后，打成鱼泥。

第4步　将菜花泥和三文鱼泥加到熬好的米糊中，搅拌均匀后再用小火熬煮1～2分钟。

第5步　根据宝宝的需要，过滤1～2次。

营养素	能量/千卡	蛋白质/克	脂肪/克	维生素A/微克	维生素B_1/毫克	维生素B_2/毫克	维生素C/毫克	钙/毫克	铁/毫克	锌/毫克
营养素含量	68.2	3.0	0.9	1.8	0.0	0.0	6.1	5.6	0.5	0.4

小油菜蛋黄米糊

给宝宝添加鸡蛋要从蛋黄加起，可以有效降低过敏的发生。蛋黄中含有丰富的维生素D，以及有助于宝宝智力发育的胆碱和卵磷脂。

原料

大米……15克 小油菜……10克

鸡蛋……1个 水或高汤……120毫升

具体步骤

第1步 将小油菜清洗后备用。

第2步 择下清洗好的小油菜叶子。

第3步 将菜叶在沸水中焯一下。

第4步 将焯过的油菜叶用十字交叉刀法切碎。

第5步 将鸡蛋的蛋黄和蛋清分离，保留蛋黄。

第6步 将搅碎的大米倒入锅中，加入水或高汤。待米糊煮到变稠后，放入小油菜和蛋黄，中火煮沸5～7分钟。根据宝宝咀嚼的发育情况，过滤1～2次。

营养素	能量/千卡	蛋白质/克	脂肪/克	维生素A/微克	维生素B_1/毫克	维生素B_2/毫克	维生素C/毫克	钙/毫克	铁/毫克	锌/毫克
营养素含量	102.1	3.5	4.4	83.8	0.1	0.1	0.0	33.5	1.4	0.9

南瓜黄瓜牛肉烂面条

8月龄左右的宝宝可以尝试吃面条，不过要做得软烂一些，同时面条最好是自己做的。

原料

面条……30克　黄瓜……10克
牛肉……5克　水……150毫升
南瓜……15克

具体步骤

第1步　将黄瓜清洗干净，去皮。

第2步　将黄瓜在研磨盘中研磨成黄瓜泥。

第3步　将南瓜清洗干净后切成小块，上锅蒸熟。

第4步　将蒸熟的南瓜去皮后捣成南瓜泥。

第5步　锅中加入清水，将牛肉煮熟，再将煮熟的牛肉用搅拌机打碎成牛肉末。

第6步　将面条掰碎，加到水中煮熟。在煮熟的面条中，加入黄瓜泥、南瓜泥和牛肉末，再中火煮3～5分钟就可以出锅了。

营养素	能量/千卡	蛋白质/克	脂肪/克	维生素A/微克	维生素B_1/毫克	维生素B_2/毫克	维生素C/毫克	钙/毫克	铁/毫克	锌/毫克
营养素含量	42.0	2.5	0.4	25.3	0.0	0.0	0.5	3.9	0.1	0.3

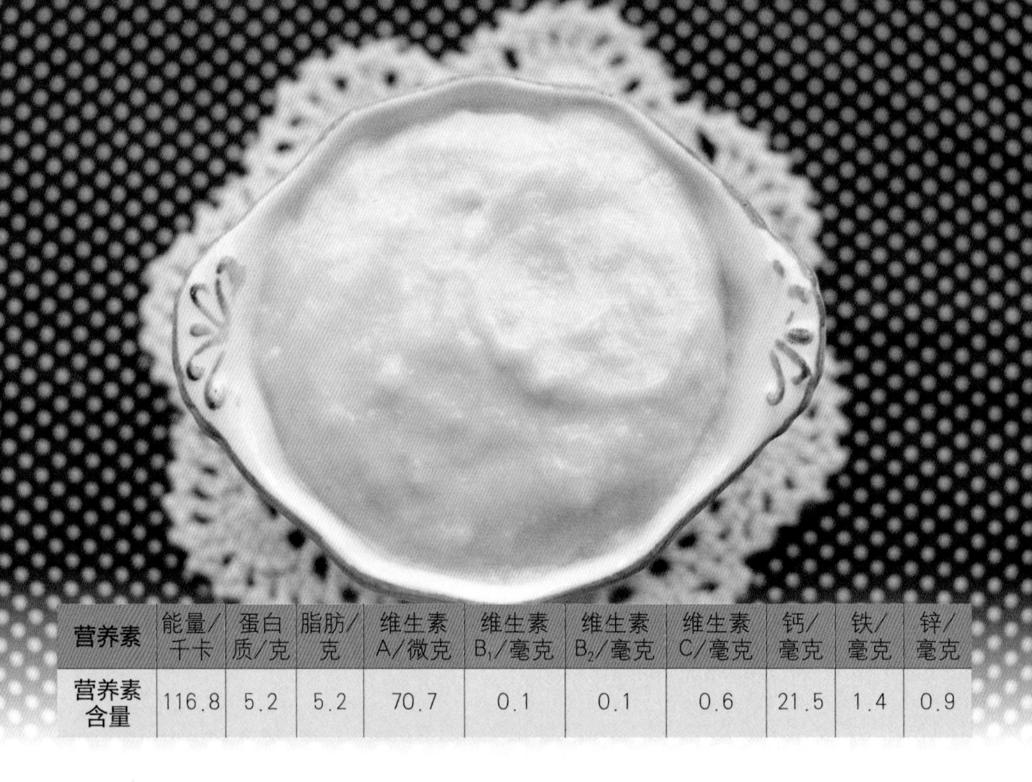

营养素	能量/千卡	蛋白质/克	脂肪/克	维生素A/微克	维生素B_1/毫克	维生素B_2/毫克	维生素C/毫克	钙/毫克	铁/毫克	锌/毫克
营养素含量	116.8	5.2	5.2	70.7	0.1	0.1	0.6	21.5	1.4	0.9

蛋黄西葫芦三文鱼米糊

原料

大米……15克　鸡蛋……1个

西葫芦……10克　水……150毫升

三文鱼……10克

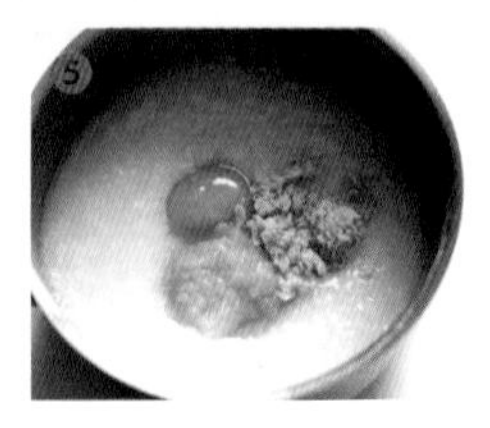

具体步骤

第1步　将西葫芦清洗干净，切成薄片，放入沸水中焯一下。

第2步　焯过水的西葫芦去皮，细细切碎，在研磨碗中捣成泥。

第3步　将三文鱼蒸熟，碾成泥。

第4步　用分蛋器分离出蛋黄。

第5步　熬好的米糊中加入蛋黄、西葫芦泥、三文鱼泥，再熬煮3分钟即可。如果需要，可以过滤1～2次。

蛋黄西蓝花牛肉米糊

原料

大米……15克

牛肉……8克

水或高汤……120毫升

蛋黄……1个

西蓝花……10克

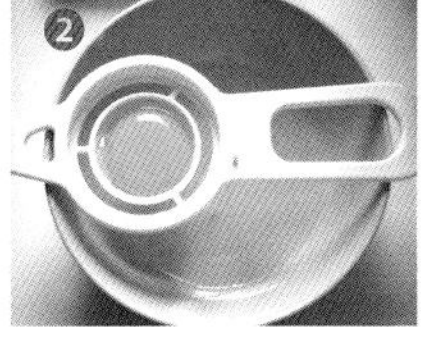

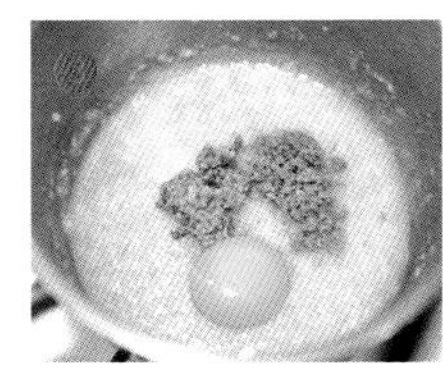

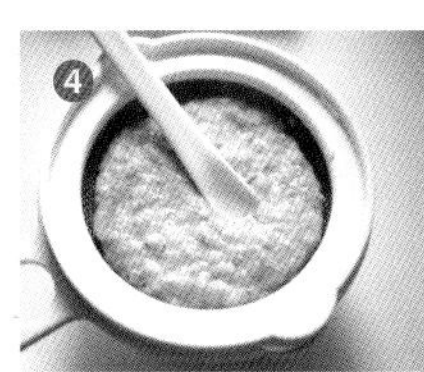

具体步骤

第1步　将西蓝花清洗后，放入沸水中焯一下。取“花”的部分细细切碎。

第2步　从鸡蛋中分离出蛋黄。

第3步　将西蓝花末和蛋黄加到牛肉米糊中，中火煮5～7分钟即可。

第4步　根据宝宝咀嚼的情况，过滤1～2次。

营养素	能量/千卡	蛋白质/克	脂肪/克	维生素A/微克	维生素B_1/毫克	维生素B_2/毫克	维生素C/毫克	钙/毫克	铁/毫克	锌/毫克
营养素含量	115.1	5.6	4.8	185.9	0.1	0.1	5.1	24.0	1.5	1.3

梨泥

原料

梨……100克

宝宝从添加辅食开始，就可以适当地摄入一些水果小点心。梨泥是比较常见的水果点心。注意，刚开始给宝宝加水果的时候，吃之前要稍微加热一下。

小贴士

在制作果泥的时候，可以先将水果煮熟，然后再用筛子滤泥。当然，也可以先将水果刨成丝，再煮熟。

具体步骤

第1步　取一个梨，清洗干净后削皮。

第2步　切成小块，每块大约婴儿一个拳头大小（约100克）。

第3步　将梨块在研磨器中磨成泥。

第4步　将梨泥倒入锅中煮3分钟（不要加水）。

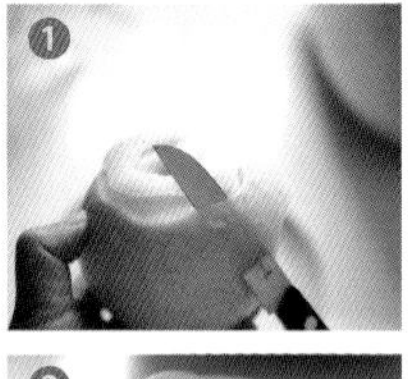

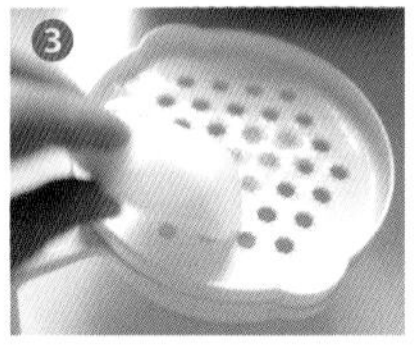

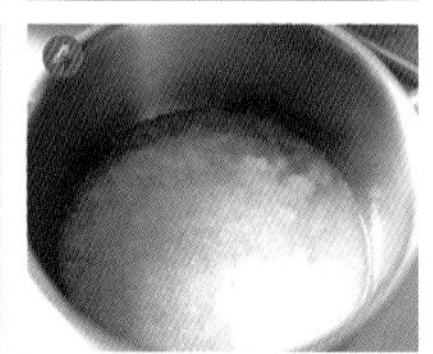

营养素	能量/千卡	蛋白质/克	脂肪/克	维生素A/微克	维生素B_1/毫克	维生素B_2/毫克	维生素C/毫克	钙/毫克	铁/毫克	锌/毫克
营养素含量	73.1	0.9	0.1	0.0	0.0	0.0	1.0	12.0	0.8	0.3

奇异果泥

奇异果富含维生素C，而且果肉酸甜、软软的，很适合给6～8月龄的宝宝吃。

原料

奇异果……100克

具体步骤

第1步　奇异果清洗后，用勺子将奇异果肉掏出来。

第2步　在研磨碗中将奇异果肉磨成泥状。

营养素	能量/千卡	蛋白质/克	脂肪/克	维生素A/微克	维生素B_1/毫克	维生素B_2/毫克	维生素C/毫克	钙/毫克	铁/毫克	锌/毫克
营养素含量	55.9	1.0	0.2	22.0	0.0	0.0	62.0	27.0	1.2	0.6

红薯菜花泥

妈妈在给宝宝做点心的时候，可以多采用粗粮食材，比如红薯等。

具体步骤

第1步　将菜花掰成小朵，清洗干净后，在水中焯熟。

第2步　焯熟的菜花选取“花”的部分剁成细碎状。

第3步　红薯清洗好后上锅蒸熟，再去皮捣成泥状。

第4步　将剁碎的菜花和泥状的红薯倒入锅中，再加上少许温水或高汤搅拌成糊状，之后再微火煮熟即可。

原料

红薯……60克　菜花……20克

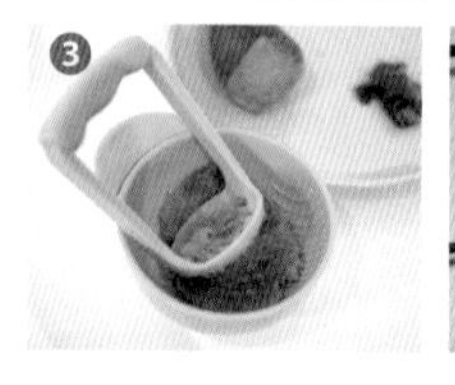

营养素	能量/千卡	蛋白质/克	脂肪/克	维生素A/微克	维生素B_1/毫克	维生素B_2/毫克	维生素C/毫克	钙/毫克	铁/毫克	锌/毫克
营养素含量	39.0	0.8	0.2	76.0	0.0	0.0	14.6	15.4	0.3	0.2

紫薯南瓜泥

原料

紫薯……60克　　南瓜……20克

具体步骤

第1步　紫薯、南瓜清洗后切块，上蒸锅蒸熟。

第2步　将蒸熟的紫薯、南瓜去皮。

第3步　南瓜和紫薯混合，捣一捣，并搅拌均匀，就可以了。

营养素	能量/千卡	蛋白质/克	脂肪/克	维生素A/微克	维生素B_1/毫克	维生素B_2/毫克	维生素C/毫克	钙/毫克	铁/毫克	锌/毫克
营养素含量	40.3	0.7	0.1	125.6	0.0	0.0	3.4	14.0	0.2	0.2

鸡肉橘子泥

这道鸡肉橘子泥，将水果和肉混合在一起，营养丰富，味道清甜，很受宝宝欢迎。

原料

鸡肉……30克　橘子……30克

水或高汤……30毫升

具体步骤

第1步　将鸡肉放到沸水中煮熟，将汤盛出（可作为高汤），再将鸡肉撕成小块。

第2步　用搅拌机将鸡块打成鸡肉末。

第3步　橘子洗净，去皮，剥取橘肉。

第4步　去掉橘子的表皮和筋脉后再微微揉碎。

第5步　将鸡肉末倒入锅中，再倒入高汤，微火煮炖2～3分钟。

第6步　将处理好的橘肉倒入鸡肉泥轻轻搅拌，即可出锅。

营养素	能量/千卡	蛋白质/克	脂肪/克	维生素A/微克	维生素B_1/毫克	维生素B_2/毫克	维生素C/毫克	钙/毫克	铁/毫克	锌/毫克
营养素含量	55.2	6.0	1.6	49.2	0.0	0.1	8.4	11.4	0.2	0.2

营养素	能量/千卡	蛋白质/克	脂肪/克	维生素A/微克	维生素B_1/毫克	维生素B_2/毫克	维生素C/毫克	钙/毫克	铁/毫克	锌/毫克
营养素含量	49.5	1.7	0.2	0.6	0.1	0.0	8.4	6.0	0.3	0.2

土豆黄瓜泥

土豆泥作为小点心，可以做出各种有趣的搭配。加上黄瓜会使整个土豆泥更爽口。

原料

土豆……60克　黄瓜……20克

具体步骤

第1步　土豆清洗干净以后，放到锅中蒸熟（蒸到外面的皮翻起来就可以了）。

第2步　将蒸熟的土豆去皮，然后在研磨碗中捣成泥。

第3步　黄瓜洗净去皮后，在研磨碗中研磨成黄瓜泥。

第4步　将土豆泥和黄瓜泥倒入锅中，可以加入少许水和黄油，小火煮3～5分钟即可。

土豆卷心菜泥

原料

土豆……60克　卷心菜……20克

具体步骤

第1步　土豆洗净，上锅蒸熟后去皮，捣成土豆泥。

第2步　取一片卷心菜叶，清洗干净后在沸水中焯熟，切丝剁碎，备用。

第3步　将煮熟的土豆捣烂成泥，同处理好的卷心菜碎一同搅拌成土豆卷心菜泥。

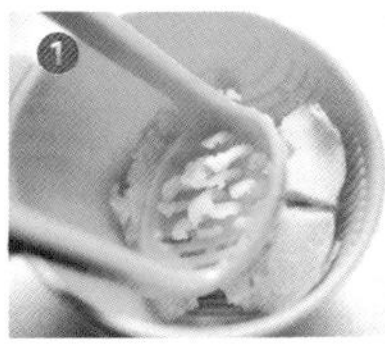

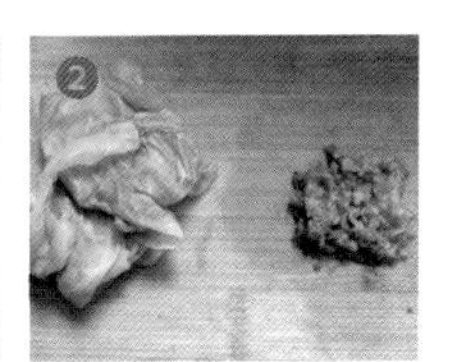

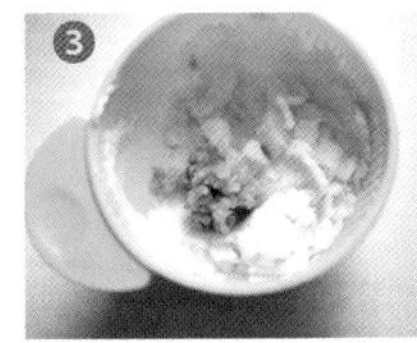

营养素	能量/千卡	蛋白质/克	脂肪/克	维生素A/微克	维生素B_1/毫克	维生素B_2/毫克	维生素C/毫克	钙/毫克	铁/毫克	锌/毫克
营养素含量	51.6	1.9	0.2	3.0	0.1	0.0	16.4	14.0	0.4	0.2

营养素	能量/千卡	蛋白质/克	脂肪/克	维生素A/微克	维生素B_1/毫克	维生素B_2/毫克	维生素C/毫克	钙/毫克	铁/毫克	锌/毫克
营养素含量	192.9	7.0	10.2	81.7	0.1	0.1	9.0	81.8	1.7	1.2

香蕉嫩豆腐奶布丁

小布丁可以让宝宝自己拿着吃，这会让宝宝觉得很有意思。豆腐由大豆制成，含有丰富的氨基酸、钙质、铁元素及植物蛋白等，有助于宝宝大脑和骨骼生长。

原料*

香蕉……50克　　嫩豆腐……30克

母乳或配方奶……100毫升　　鸡蛋……1个

具体步骤

第1步　把香蕉碾碎。

第2步　把嫩豆腐碾碎。

第3步　将鸡蛋打散后用滤网过滤一次，以去除卵黄带。如果宝宝不吃蛋白的话，可以只加入蛋黄。

第4步　把母乳或配方奶煮沸后加入香蕉泥、嫩豆腐泥和鸡蛋液，中火蒸煮15～20分钟，倒入模具即可。

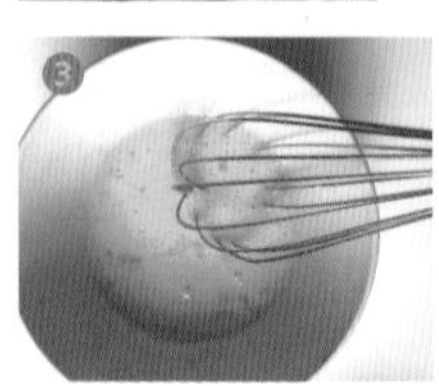

* 原料的量可以做出16个小布丁。

磨牙饼干

宝宝开始出牙的时候，会喜欢咬一些东西。做个磨牙饼干，让宝宝自己拿着咬，可以缓解宝宝出牙的不适感。

原料

面粉……200克　香蕉……1根

蛋黄……1个

具体步骤

第1步　用研磨器将香蕉捣成香蕉泥。

第2步　在干净的盆中加入面粉、蛋黄、香蕉泥，搅拌均匀后，揉成光滑的面团。

第3步　面团在常温下静置30分钟（醒面）。

第4步　将面团擀成0.3厘米厚的长方形薄片，再将薄片切去边角料，切成1厘米宽的长条。

第5步　将长条两端反方向拧一拧。切下的边角料可以重新归在一起擀成大薄片，直到所有的面都用完。将拧好的小长条放入烤盘。

第6步　烤箱预热180℃后，将饼干放入烤箱内烤25分钟，上色即可拿出，凉凉后食用。

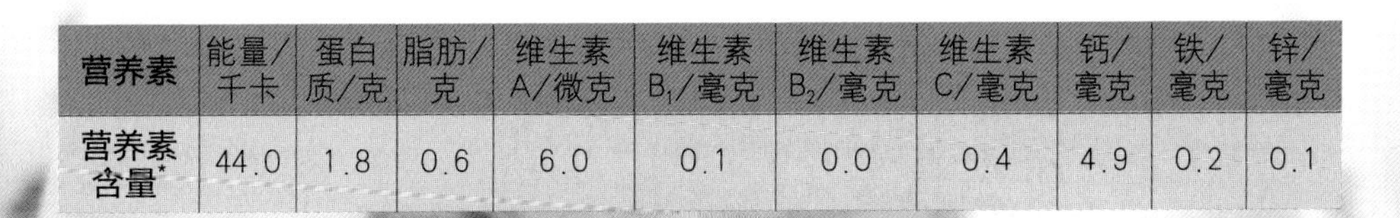

营养素	能量/千卡	蛋白质/克	脂肪/克	维生素A/微克	维生素B_1/毫克	维生素B_2/毫克	维生素C/毫克	钙/毫克	铁/毫克	锌/毫克
营养素含量*	44.0	1.8	0.6	6.0	0.1	0.0	0.4	4.9	0.2	0.1

* 这里的营养成分是按原材料的1/20计算的，注意不要让宝宝一次吃得太多。

9～11个月宝宝的膳食计划和辅食日志

9～11个月宝宝的膳食计划

9～11月龄的宝宝已经尝试过很多的食材了，这样我们就可以更好地来搭配一日的膳食，让宝宝的食谱更加丰富。另外，这个阶段爸爸妈妈可以开始引导宝宝学习自己吃饭。

一日膳食计划

奶	辅食	点心*
按宝宝的需要喂母乳（约600毫升～800毫升）	谷类（40克～100克） 肉类（包括鱼，25克～40克） 蔬菜（25克～50克） 水果（25克～50克） 鸡蛋（1个）	婴儿饼干（偶尔吃） 蔬菜泥或水果泥（酌情）

* 点心如果是蔬菜泥或水果泥，可以跟当日的辅食正餐进行合并来计算，如当日吃过了两种蔬菜，那么就可以做一个水果泥（25克～50克）。

细心的妈妈可能会发现6～8月龄和9～11月龄的膳食推荐量是一样的，这是因为根据中国营养学会妇幼分会制订的婴幼儿平衡膳食宝塔，6～12月龄的婴幼儿推荐量是“逐渐添加辅食食品，至12月龄时达到推荐量”。

所以，爸爸妈妈们并不需要太过关注每一类食物是否能够吃到推荐量，只需要按照食谱中的量来制作，根据宝宝的饥饱信号来喂食就可以了。

一周食谱示例

	周一	周二	周三	周四	周五	周六	周日
早餐辅食	红薯粥	南瓜小米粥	番茄鸡蛋面	三文鱼松粥	小油菜小米粥	紫甘蓝鸡蛋面	肉末鸡蛋羹
点心	磨牙饼干	苹果香蕉泥	红薯蛋黄泥	鸡肉橘子泥	菠萝豆腐奶昔	红薯菜花泥	南瓜红枣泥
午餐辅食	南瓜小油菜猪肉粥	红薯油麦菜猪肉粥	萝卜杏鲍菇牛肉粥	香菇胡萝卜虾仁粥	南瓜彩椒鸡肉粥	菠菜紫菜鸡肉粥	紫甘蓝胡萝卜肉末粥
点心	菠萝豆腐奶昔	红薯菜花泥	南瓜红枣泥	磨牙饼干	红薯蛋黄泥	苹果香蕉泥	鸡肉橘子泥
晚餐辅食	猪肝菠菜紫菜面	紫甘蓝杏鲍菇三文鱼粥	猪肝番茄香菇面	萝卜油麦菜三文鱼粥	鲜虾胡萝卜面	花菜彩椒牛肉粥	香菇小油菜虾仁面

添加量：宝宝每餐可以吃到半碗（250毫升为一碗）。另外，宝宝胃口不同，所以记得根据宝宝的饥饱信号来喂辅食。

一周采购菜单

随着宝宝食谱的丰富，要采购的食材也多了一些。每一样不必买太多，多种搭配营养好。

肉鱼蛋类	蔬菜	水果	谷类
牛肉 猪肉 鸡肉 三文鱼 猪肝 虾 鸡蛋	南瓜 小油菜 菠菜 油麦菜 萝卜 胡萝卜 杏鲍菇 红薯 紫甘蓝 菜花 番茄 香菇 彩椒 豆腐 紫菜	苹果 橘子 香蕉 红枣 菠萝	大米 面粉 小米

9～11月龄食谱

9～11个月儿童每日营养素参考摄入量表

营养素	9～11个月儿童每日营养素参考摄入量
能量/千卡	80*
蛋白质/克	20.0
脂肪/（%总能量）	40**
维生素A/微克	350
维生素B_1/毫克	0.3
维生素B_2/毫克	0.5
维生素C/毫克	40.0
钙/毫克	250
铁/毫克	10.0
锌/毫克	3.5

* 此数据为每公斤体重每日所需能量，爸爸妈妈要根据宝宝的体重进行具体计算。
** 此数据为脂肪占全天总能量的比例。

营养素	能量/千卡	蛋白质/克	脂肪/克	维生素A/微克	维生素B_1/毫克	维生素B_2/毫克	维生素C/毫克	钙/毫克	铁/毫克	锌/毫克
营养素含量	211.0	12.4	2.6	0.0	0.1	0.1	0.0	47.2	1.5	1.3

豆腐鸡蛋牛肉粥

在宝宝适应米糊后，可尝试给宝宝做粥吃。刚开始给宝宝做的粥可以用搅碎的大米做，之后逐步过渡到不搅碎大米直接做。

原料

大米……30克　牛肉……10克

豆腐……20克　鸡蛋……1个

水或高汤……150毫升

具体步骤

第1步　选一小块豆腐，切碎备用。

第2步　再取一些豆腐，压碎成豆腐泥。

第3步　鸡蛋打成鸡蛋液之后，用漏网过滤掉鸡蛋液中的杂质。

第4步　将牛肉清洗后放入锅中炖煮到筷子能插入后拿出。用搅拌机搅碎成牛肉末。

第5步　将搅碎的大米加到150毫升水或高汤中，小火炖煮之后将剁碎的豆腐、豆腐泥及牛肉末一同倒入粥里。

第6步　中火炖煮3～4分钟之后，将鸡蛋液倒入，再煮5～6分钟即可。

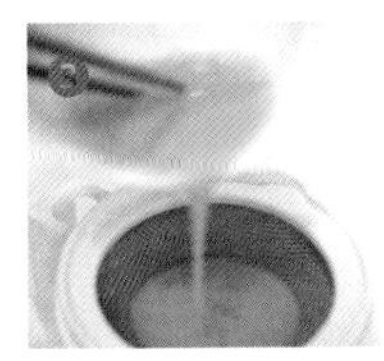

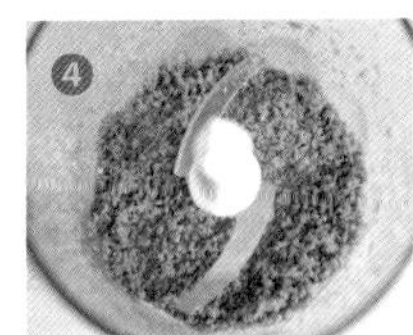

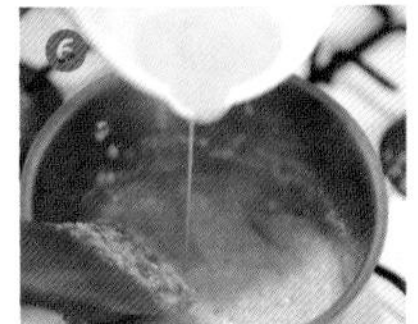

红枣红薯牛肉粥

红枣是妈妈特别喜欢给宝宝吃的食材之一，特别是在秋冬季节。红枣不仅能补充大量的营养元素，还能够为辅食增添些许清香的甜味。要注意，如要在辅食中添加红枣，要添加干红枣，而不能是鲜枣，因为鲜枣容易导致幼儿腹胀、腹泻。另外，在制作过程中，红枣要去皮、去核。

原料

大米……30克　牛肉泥……10克

红枣……10克　红薯……10克

水或高汤……150毫升

具体步骤

第1步　取干红枣，清洗后，在清水中浸泡3～5分钟。

第2步　将红枣放到沸水中煮，煮至红枣表面的皱褶消失，捞出后备用。

第3步　将煮好的红枣去除表皮和核，剁成泥。

第4步　红薯清洗干净后去皮、切块，放入锅中蒸熟后捣成泥。

第5步　大米浸泡后，加到清水或是高汤中，小火炖煮的同时，将牛肉泥、红枣泥及红薯泥放入粥内，中火炖煮7～10分钟即可。

营养素	能量/千卡	蛋白质/克	脂肪/克	维生素A/微克	维生素B_1/毫克	维生素B_2/毫克	维生素C/毫克	钙/毫克	铁/毫克	锌/毫克
营养素含量	152.7	4.7	0.8	12.5	0.1	0.0	1.1	11.4	1.0	1.0

芒果豆腐牛肉粥

如果宝宝生病没有胃口的话，辅食加入芒果是不错的选择，因为芒果富含维生素A和胡萝卜素，口味甜香，营养丰富，可以促发宝宝食欲。

原料

大米……30克　　芒果……15克

牛肉……10克　　豆腐……15克

水或高汤……150毫升

具体步骤

第1步　将芒果去核，按图示用十字交叉刀法将芒果切成芒果花。

第2步　将果肉取下，切成3毫米～5毫米的小丁。

第3步　将豆腐切成3毫米～5毫米大小的小丁。

第4步　将牛肉在锅中煮熟，然后撕成肉丝，再切成3毫米～5毫米宽的肉丁。

第5步　将水或煮牛肉时熬出来的高汤倒入大米中，煮15分钟后放入牛肉丁和之前准备好的芒果丁、豆腐丁，调至中火，再煮7～10分钟即可。

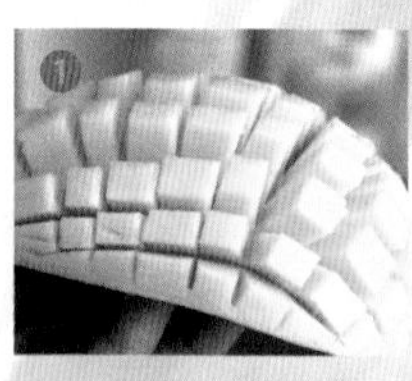

营养素	能量/千卡	蛋白质/克	脂肪/克	维生素A/微克	维生素B_1/毫克	维生素B_2/毫克	维生素C/毫克	钙/毫克	铁/毫克	锌/毫克
营养素含量	141.3	5.9	2.0	52.0	0.0	0.0	2.1	21.0	1.0	1.0

莲藕韭菜牛肉粥

莲藕富含维生素C和膳食纤维。很多妈妈担心莲藕硬，宝宝难以嚼碎，其实在做的时候，只需要将莲藕煮得久一点，或者使用高压锅煮，宝宝吃起来就没问题了。

原料

大米……30克　牛肉……10克
莲藕……10克　韭菜……10克
水……150毫升

具体步骤

第1步　将莲藕去皮后，用清水洗净，切成薄片。莲藕的孔洞中可能会有泥沙，妈妈可以用洗奶瓶的小刷子清洗一下。

第2步　将藕片用水煮熟。

第3步　将煮熟的莲藕切成3毫米大小的丁。

第4步　将韭菜清洗干净后，切成3毫米大小的末。

第5步　将牛肉煮熟，然后撕成3毫米宽的肉丝，再将牛肉切碎。

第6步　熬好的粥中加入牛肉碎、莲藕丁和韭菜末，中火煮7～10分钟即可。

营养素	能量/千卡	蛋白质/克	脂肪/克	维生素A/微克	维生素B_1/毫克	维生素B_2/毫克	维生素C/毫克	钙/毫克	铁/毫克	锌/毫克
营养素含量	126.8	4.9	0.8	23.8	0.0	0.0	6.8	12.3	1.0	1.0

营养素	能量/千卡	蛋白质/克	脂肪/克	维生素A/微克	维生素B_1/毫克	维生素B_2/毫克	维生素C/毫克	钙/毫克	铁/毫克	锌/毫克
营养素含量	135.7	5.3	2.2	35.2	0.1	0.0	4.7	46.3	2.0	1.2

苋菜芝麻牛肉粥

添加了芝麻的辅食，会充满浓浓的芝麻香，很受宝宝欢迎。

原料

大米……20克　牛肉……8克

苋菜……10克　磨碎的芝麻……3克

水……150毫升

具体步骤

第1步　苋菜洗净后在滚水中焯熟。

第2步　将焯熟的苋菜叶凉凉后剁碎。

第3步　将牛肉放入锅中煮熟，撕成条，然后再切成3毫米～5毫米的末。

第4步　熬好的粥中加入苋菜末、牛肉末和磨碎的芝麻，中火煮5～7分钟即可。

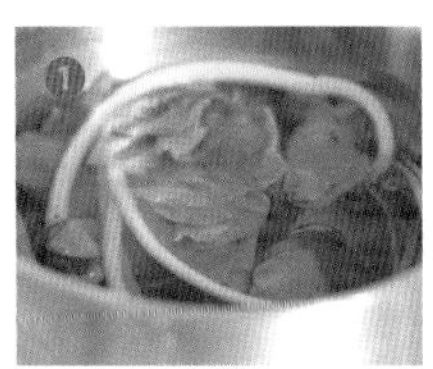

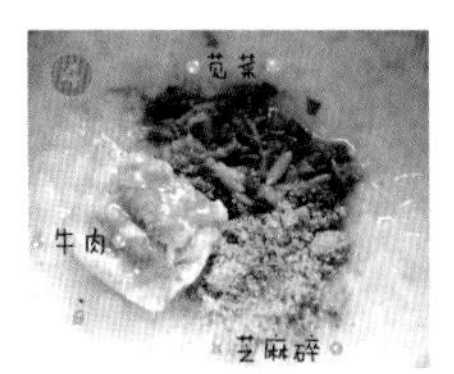

茭白南瓜牛肉粥

茭白在选购的时候，要选择肉质洁白、摁上去比较结实的，会比较新鲜。注意，如果购买的茭白一次吃不完，需要全部浸入水中进行保存。

原料

大米……30克　牛肉……10克

茭白……10克　南瓜……10克

水或高汤……150毫升

具体步骤

第1步　将茭白用清水洗净，然后将白色的茎部切成薄片，再切成3毫米～5毫米大小的丁。

第2步　将南瓜对半切开，去子、去皮，切成3毫米～5毫米大小的末。

第3步　将牛肉煮熟后，撕成小条，然后切成3毫米～5毫米大小的末。

第4步　将大米加入水或高汤，小火熬煮8～10分钟后，加入熟牛肉末、茭白丁和南瓜末，中火煮7～10分钟即可。

营养素	能量/千卡	蛋白质/克	脂肪/克	维生素A/微克	维生素B_1/毫克	维生素B_2/毫克	维生素C/毫克	钙/毫克	铁/毫克	锌/毫克
营养素含量	122.6	4.7	0.8	25.8	0.0	0.0	1.0	6.2	0.8	1.0

营养素	能量/千卡	蛋白质/克	脂肪/克	维生素A/微克	维生素B_1/毫克	维生素B_2/毫克	维生素C/毫克	钙/毫克	铁/毫克	锌/毫克
营养素含量	125.7	5.0	0.8	145.6	0.1	0.0	6.5	11.4	0.9	1.1

菠萝南瓜西蓝花牛肉粥

菠萝酸酸甜甜，可以让辅食吃起来更加开胃，加之其中含有一种蛋白质分解酶，对于消化很有帮助。不过记得做这道粥时，不要一开始就把菠萝放进去，最好是等到粥熬好以后再添加。

原料

大米……30克　牛肉……10克

菠萝……5克　南瓜……10克

西蓝花……10克　水或高汤……150毫升

具体步骤

第1步　将西蓝花清洗干净，放入沸水中稍微焯一下。只留“花”的部分切成3毫米大小的丁。

第2步　将菠萝去皮，然后将其切成3毫米大小的丁备用。

第3步　将蒸熟后的南瓜捣碎。

第4步　将牛肉煮熟，然后撕成3毫米大小的肉丝，再将牛肉切碎。

第5步　将水或高汤倒入大米中，煮炖一段时间后放入切碎的西蓝花和牛肉，调至中火，煮7～10分钟后再放入之前处理好的菠萝和南瓜，搅拌一下即可出锅。

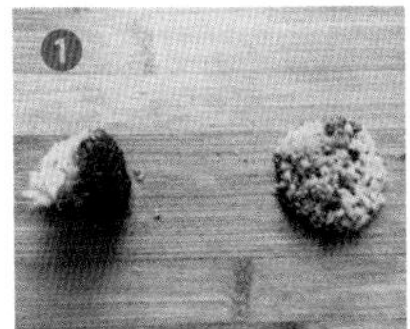

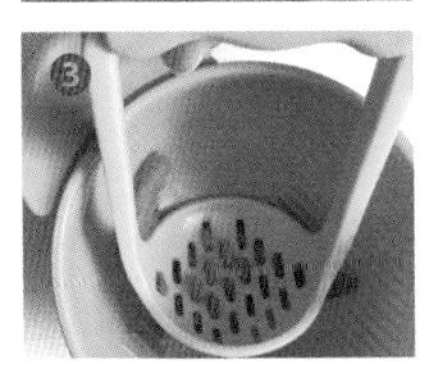

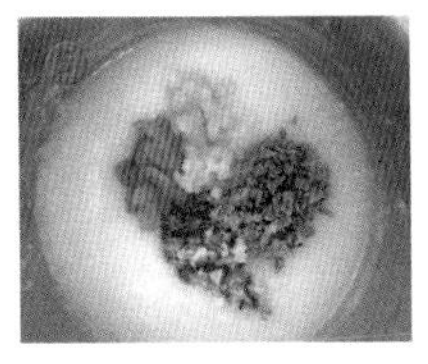

黄豆芽西葫芦牛肉粥

黄豆芽含有较多植物蛋白质和维生素。辅食中若要使用黄豆芽，一般豆芽头部的豆子部分不要让婴幼儿食用，只食用中间茎杆部分为好。

原料

大米……30克　　牛肉……10克

黄豆芽……10克　　西葫芦……10克

水或高汤……120毫升

具体步骤

第1步　取新鲜豆芽一把，清水中洗净，去除头尾部分。

第2步　将清洗并处理干净的豆芽，切成3毫米左右长的小豆芽段。

第3步　西葫芦去头尾，切成3毫米左右的丁。

第5步　将牛肉煮熟，然后捞出撕成3毫米大小的肉丝，再将牛肉丝切碎成末。

第6步　磨碎的大米加入120毫升水或煮牛肉的高汤，小火炖煮后，将牛肉末、黄豆芽段、西葫芦丁倒入粥内炖煮7～10分钟。

营养素	能量/千卡	蛋白质/克	脂肪/克	维生素A/微克	维生素B_1/毫克	维生素B_2/毫克	维生素C/毫克	钙/毫克	铁/毫克	锌/毫克
营养素含量	122.2	5.0	0.9	0.7	0.0	0.0	1.0	8.7	0.8	1.0

营养素	能量/千卡	蛋白质/克	脂肪/克	维生素A/微克	维生素B_1/毫克	维生素B_2/毫克	维生素C/毫克	钙/毫克	铁/毫克	锌/毫克
营养素含量	200.1	11.2	1.1	120.3	0.1	0.1	6.5	31.9	1.4	1.3

西蓝花土豆鸡蛋牛肉粥

当宝宝能接受3种食材搭配的辅食一段时间之后，可以尝试搭配4种食材。这样的搭配营养更全面。

原料

大米……30克　牛肉末……10克
西蓝花……10克　土豆……10克
鸡蛋……1个　水……120毫升

具体步骤

第1步　将西蓝花清洗后，放入沸水中焯一下。只取“花”的部分切成3毫米～5毫米大小的丁。

第2步　将去皮后的土豆切成3毫米～5毫米大小的碎粒。

第3步　将鸡蛋放到锅中煮熟，之后去壳，分离蛋黄和蛋白。

第4步　将蛋白切成3毫米～5毫米大小的碎粒。

第5步　将煮熟的蛋黄用刀背碾碎。

第6步　将水倒入打碎的大米中，煮一段时间后放入牛肉末和之前准备好的西蓝花、土豆、蛋白、蛋黄，调至中火，再煮7～10分钟即可。

秋葵洋葱鸡肉粥

原料

大米……30克　　鸡肉……10克

秋葵……10克　　洋葱……10克

水……120毫升

具体步骤

第1步　将秋葵洗干净之后，切成五角星形小片。

第2步　切好的秋葵在水中焯一下。

第3步　将焯好的秋葵切成3毫米～5毫米大小的丁。

第4步　洋葱清洗干净以后，放到沸水中煮熟，然后切成3毫米～5毫米大小的丁。

第5步　将鸡肉煮熟（煮到筷子能轻松插过）以后，撕成小条，然后切成3毫米～5毫米大小的丁。

第6步　锅中加入大米和水，小火熬成粥以后，再加入秋葵丁、洋葱丁和鸡肉丁，中火煮沸5～7分钟即可。

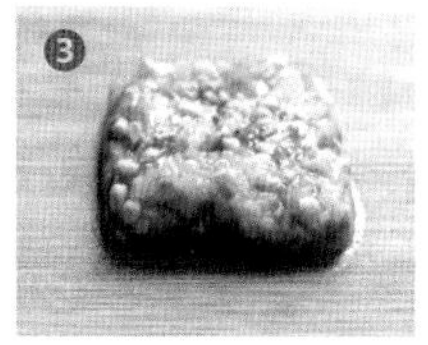

营养素	能量/千卡	蛋白质/克	脂肪/克	维生素A/微克	维生素B_1/毫克	维生素B_2/毫克	维生素C/毫克	钙/毫克	铁/毫克	锌/毫克
营养素含量	124.7	4.5	0.8	7.1	0.0	0.0	1.2	11.1	0.8	0.6

营养素	能量/千卡	蛋白质/克	脂肪/克	维生素A/微克	维生素B_1/毫克	维生素B_2/毫克	维生素C/毫克	钙/毫克	铁/毫克	锌/毫克
营养素含量	140.2	7.1	0.9	73.1	0.1	0.1	3.4	37.2	6.5	0.9

菠菜紫菜鸡肉粥

菠菜中含有水溶性有机酸，会与体内的钙结合，形成难以溶解的草酸钙，影响钙的吸收。菠菜稍微焯一下，就能够避免这种状况了。

原料

大米……30克　　鸡肉……10克

菠菜……10克　　紫菜……10克

水……120毫升

具体步骤

第1步　菠菜清洗干净后备用。

第2步　将菠菜放到沸水中稍微焯一下。

第3步　把焯过的菠菜切成3毫米～5毫米的段。

第4步　干紫菜加温水泡发。

第5步　将生鸡肉整块放入锅中，熬煮15～20分钟后，用搅拌机搅碎。

第6步　将搅碎的鸡肉和菠菜、紫菜放入粥中，中火煮沸7～10分钟。

南瓜彩椒鸡肉粥

原料

大米……30克　　南瓜……15克

鸡肉……10克　　彩椒……10克

水或高汤……120毫升

9～11月龄的宝宝可以逐渐增加食物质地的粗细和颗粒的大小。在过渡阶段，我们可以将南瓜一半做成泥状，另一半切成小丁，让宝宝慢慢开始适应这种吃法。

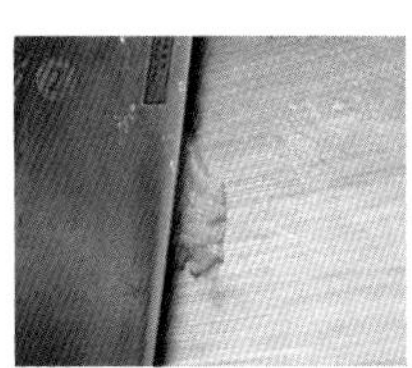

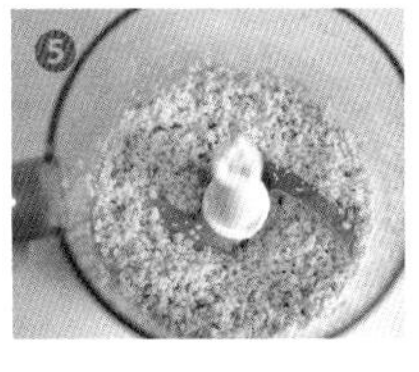

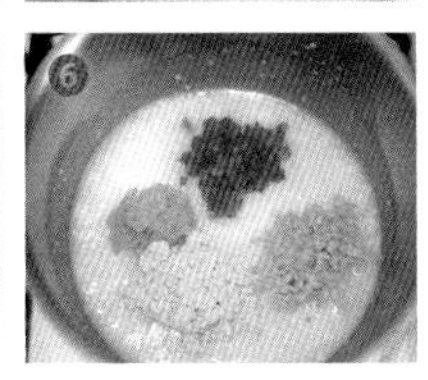

具体步骤

第1步　将南瓜清洗后去子，取15克（约一瓣柚子大小），去皮，切成3毫米～5毫米大小的丁。

第2步　将剩下的南瓜上锅蒸熟，用刀背碾成南瓜泥。

第3步　将彩椒清洗干净，切成3瓣。

第4步　将彩椒去皮后，切成3毫米～5毫米大小的丁。

第5步　鸡肉放到沸水中煮熟，将汤盛出（作为高汤），然后将鸡肉撕成小块后，用搅拌机打成鸡肉末。

第6步　将水或鸡汤倒入打碎的大米中，熬成粥以后（约6～8分钟），放入鸡肉末、南瓜丁、南瓜泥和彩椒丁，调至中火，再煮7～10分钟即可。

营养素	能量/千卡	蛋白质/克	脂肪/克	维生素A/微克	维生素B_1/毫克	维生素B_2/毫克	维生素C/毫克	钙/毫克	铁/毫克	锌/毫克
营养素含量	123.3	4.5	0.8	40.8	0.0	0.0	13.8	6.6	0.8	0.6

牛油果西蓝花鸡肉粥

牛油果含有多种维生素、丰富的脂肪酸和蛋白质、钠、钾、镁、钙，是一种高能低糖的水果。牛油果润滑的口感和独特的香味，能够为婴幼儿的辅食添加一种纯天然的奶香和绵柔感。

原料

大米……30克　牛肉……10克

西蓝花……10克　牛油果……15克

水或高汤……120毫升

具体步骤

第1步　牛油果洗净表皮后，切一半，去皮。

第2步　将牛油果切片之后再切成3毫米大小的丁，待用。

第3步　西蓝花洗净后，放到水里焯熟。

第4步　取“花”的部分，切成3毫米大小的丁，待用。

第5步　将鸡肉放到沸水中煮熟，将汤盛出（作为高汤），然后将鸡肉撕成小块后用搅拌机打成鸡肉末。

第6步　浸泡过的大米用搅拌棒打碎以后，加到炖煮鸡肉的高汤或水中（120毫升），小火熬煮。熬好后，将鸡肉末、牛油果丁、西蓝花丁放入粥内，中火炖煮7～10分钟即可。

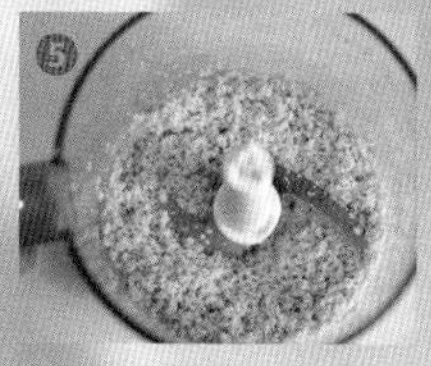

营养素	能量/千卡	蛋白质/克	脂肪/克	维生素A/微克	维生素B_1/毫克	维生素B_2/毫克	维生素C/毫克	钙/毫克	铁/毫克	锌/毫克
营养素含量	144.7	5.2	3.1	129.3	0.1	0.1	6.3	10.9	1.0	1.1

营养素	能量/千卡	蛋白质/克	脂肪/克	维生素A/微克	维生素B_1/毫克	维生素B_2/毫克	维生素C/毫克	钙/毫克	铁/毫克	锌/毫克
营养素含量	121.6	4.4	0.8	70.1	0.0	0.0	3.5	13.4	0.8	0.6

紫甘蓝胡萝卜肉末粥

紫甘蓝含有丰富的维生素C和钙，不仅营养丰富，而且色泽独特，和胡萝卜搭配起来，特别的颜色可以吸引宝宝的注意。

原料

大米……30克　胡萝卜……10克

紫甘蓝……10克　鸡肉……10克

水……220毫升

具体步骤

第1步　猪瘦肉用水煮熟，切碎备用。

第2步　将紫甘蓝撕成小片，清洗后放到沸水中焯一下。

第3步　去掉紫甘蓝中间比较硬的茎，然后切碎。

第4步　取胡萝卜去皮，切成薄片，然后放到水中焯一下，切成碎末。

第5步　大米用水泡过后，加150毫升清水小火熬。粥熬好后，加入紫甘蓝碎、胡萝卜末和肉末，再小火熬煮2～3分钟即可。

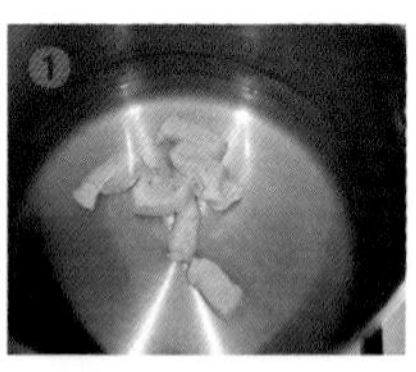

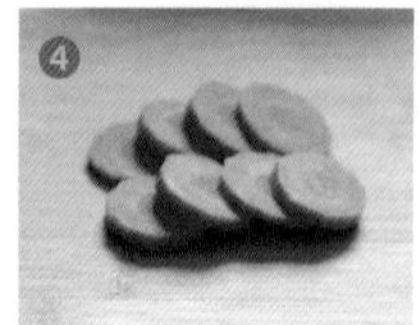

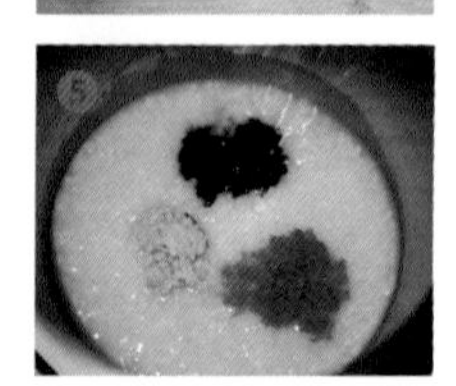

肉末胡萝卜豆腐粥

原料

大米……30克　　猪瘦肉……10克

豆腐……10克　　胡萝卜……10克

水……120毫升

具体步骤

第1步　猪瘦肉用水煮到筷子能轻松插过后即可，然后切碎。

第2步　取豆腐一块（图中是100克，约一小包纸巾大小），并放到水中煮熟，切成小块。

第3步　将豆腐放到研磨碗中捣成泥状。

第4步　取胡萝卜去皮，切成薄片，然后放到水中焯一下。

第5步　将焯好后的胡萝卜切成碎末。

第6步　大米浸泡好后熬粥，熬好后加入肉末、豆腐泥和胡萝卜末，搅拌后再小火熬煮2～3分钟，出锅前加入少许油。

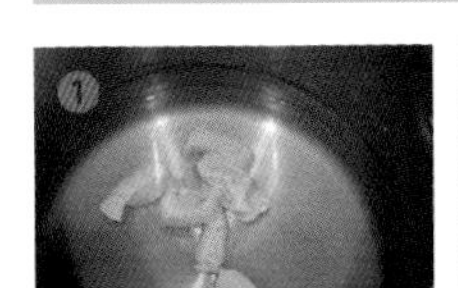

营养素	能量/千卡	蛋白质/克	脂肪/克	维生素A/微克	维生素B_1/毫克	维生素B_2/毫克	维生素C/毫克	钙/毫克	铁/毫克	锌/毫克
营养素含量	132.4	5.2	1.9	68.5	0.1	0.0	0.9	17.7	1.0	0.8

胡萝卜西葫芦豆腐粥

豆腐含有丰富的蛋白质和钙，而且柔软，是宝宝辅食的好食材之一。这个食谱中胡萝卜、西葫芦和豆腐不但营养丰富，搭配起来色泽也比较好看。

原料

大米……30克　　胡萝卜……10克

西葫芦……10克　豆腐……10克

水……120毫升

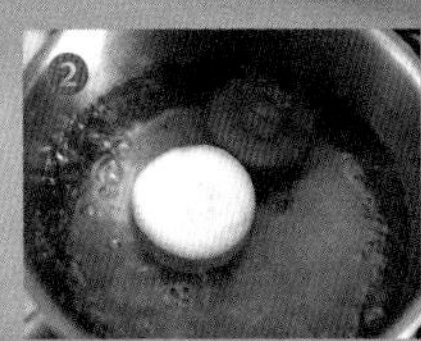

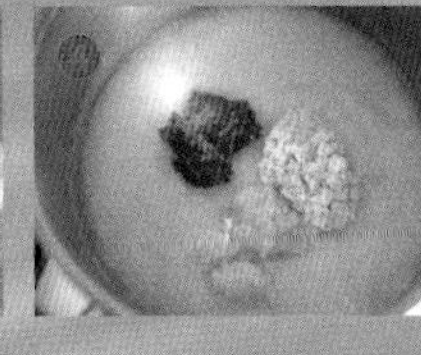

具体步骤

第1步　将豆腐放到水中煮熟后，研磨成泥。

第2步　胡萝卜和西葫芦各取10克（约0.2厘米厚），放到沸水中煮软。

第3步　将焯好后的胡萝卜和西葫芦切成碎末。

第4步　将米煮成粥，煮好后加入胡萝卜末、西葫芦末和豆腐泥，再小火熬煮2～3分钟即可。

营养素	能量/千卡	蛋白质/克	脂肪/克	维生素A/微克	维生素B_1/毫克	维生素B_2/毫克	维生素C/毫克	钙/毫克	铁/毫克	锌/毫克
营养素含量	84.6	2.6	1.0	69.0	0.0	0.0	1.5	17.3	0.7	0.4

营养素	能量/千卡	蛋白质/克	脂肪/克	维生素A/微克	维生素B_1/毫克	维生素B_2/毫克	维生素C/毫克	钙/毫克	铁/毫克	锌/毫克
营养素含量	91.1	4.2	1.4	24.9	0.0	0.0	0.0	19.4	0.6	0.5

小油菜三文鱼粥

原料

大米……30克　三文鱼……15克

小油菜……20克　水或高汤……120毫升

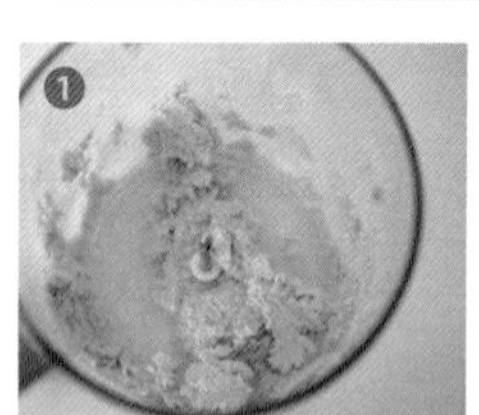

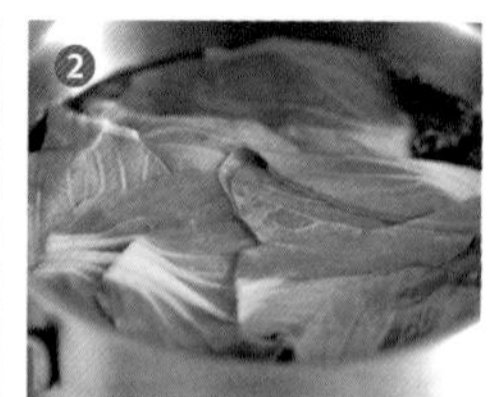

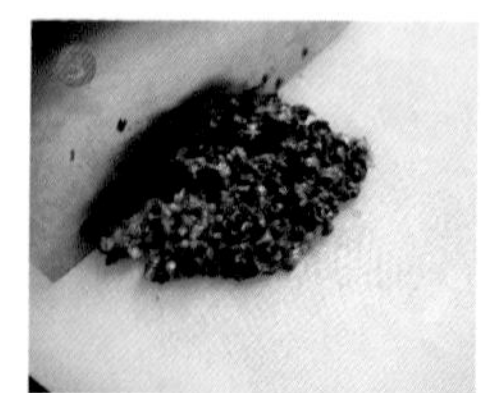

具体步骤

第1步　三文鱼清洗一下，然后放到蒸锅中蒸熟，再搅成三文鱼末。

第2步　小油菜清洗干净后放到锅中焯一下，捞出后凉凉。

第3步　去掉小油菜的茎，保留叶的部分，然后切成2毫米～3毫米的菜末。

第4步　浸泡过的大米加入水或高汤，小火炖煮，熬到浓稠以后将三文鱼末和切碎的小油菜末倒入，中火煮5～7分钟，熟透即可。

香菇南瓜三文鱼粥

原料

大米……30克　三文鱼……10克
香菇……10克　南瓜……10克
水或高汤……120毫升

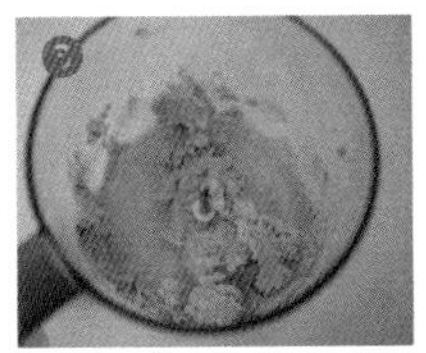

具体步骤

第1步　将鲜香菇清洗干净，去蒂，然后切成3毫米～5毫米大小的颗粒。

第2步　将南瓜切成3毫米～5毫米的颗粒备用。

第3步　将三文鱼蒸熟，搅成三文鱼末。

第4步　将水或高汤倒入泡好的大米中，炖煮一段时间后放入香菇丁、南瓜丁和三文鱼末，调至中火，再煮7～10分钟即可。

营养素	能量/千卡	蛋白质/克	脂肪/克	维生素A/微克	维生素B_1/毫克	维生素B_2/毫克	维生素C/毫克	钙/毫克	铁/毫克	锌/毫克
营养素含量	122.7	4.3	1.1	29.8	0.0	0.0	0.6	7.0	0.8	0.7

营养素	能量/千卡	蛋白质/克	脂肪/克	维生素A/微克	维生素B_1/毫克	维生素B_2/毫克	维生素C/毫克	钙/毫克	铁/毫克	锌/毫克
营养素含量	117.5	4.4	0.4	70.0	0.0	0.0	1.0	13.0	0.9	0.8

香菇胡萝卜虾仁粥

原料

大米……30克　　胡萝卜……10克

香菇……10克　　虾仁……10克

水……120毫升

具体步骤

第1步　取香菇洗净，去蒂，放入沸水中焯一下。

第2步　取胡萝卜去皮，切成薄片，然后放到水中焯一下。

第3步　将鲜虾清洗干净，投入沸水中煮。

第4步　煮过的虾，去头、壳，挑去肠线。

第5步　大米用水泡过后，加清水小火熬，熬制过程中加入少许油。

第6步　将焯好的香菇、胡萝卜和煮好的虾分别切碎。

第7步　米粥七八分熟时，把切好的香菇、胡萝卜和虾仁投入熬好的粥中，搅拌均匀后，小火熬煮1～2分钟即可。

胡萝卜西葫芦鸡肉手擀面

自己在家里做的手擀面通常会比较粗，可以将手擀面切成3毫米～5毫米大小，这样9～11月龄的宝宝就可以轻松吃了。

原料

手擀面……30克　鸡肉……10克

胡萝卜……10克　西葫芦……10克

具体步骤

第1步　胡萝卜清洗干净后切片，再在沸水中稍微焯一下，然后将焯熟的胡萝卜切成3毫米的丁备用。

第2步　将西葫芦清洗干净以后切片，也在沸水中焯一下，然后将焯熟的西葫芦切成3毫米的丁备用。

第3步　将手擀面切成3毫米～5毫米的段。

第4步　将面投到沸水中煮熟，煮熟后倒掉部分水。

第5步　加入胡萝卜丁、西葫芦丁和鸡肉末，中火煮沸7～10分钟即可。

营养素	能量/千卡	蛋白质/克	脂肪/克	维生素A/微克	维生素B_1/毫克	维生素B_2/毫克	维生素C/毫克	钙/毫克	铁/毫克	锌/毫克
营养素含量	127.5	5.4	1.0	73.8	0.1	0.0	1.5	7.5	3.1	0.6

营养素	能量/千卡	蛋白质/克	脂肪/克	维生素A/微克	维生素B_1/毫克	维生素B_2/毫克	维生素C/毫克	钙/毫克	铁/毫克	锌/毫克
营养素含量	219.4	8.1	4.3	15.3	0.2	0.2	8.0	119.9	1.7	1.2

杏鲍菇洋葱土豆浓汤菠菜面

原料

杏鲍菇……20克　洋葱……30克

土豆……40克　菠菜面……30克

母乳或配方奶……100毫升

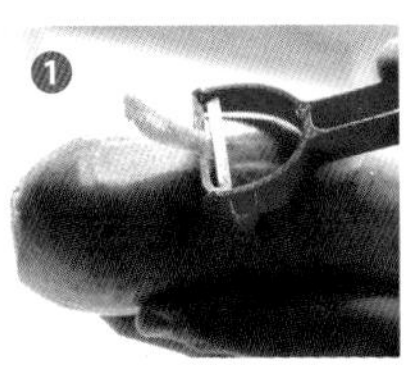

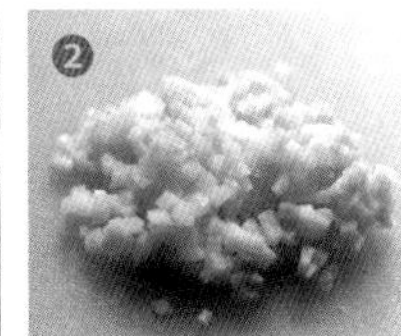

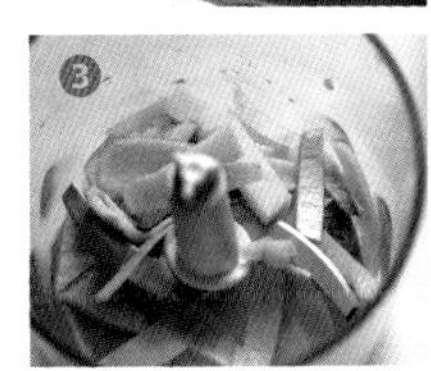

具体步骤

第1步　将土豆清洗干净，去皮。

第2步　将土豆分成2份，其中一份切成3毫米大小的丁。

第3步　将洋葱清洗干净，取一小块，与剩下的一份土豆一起放入搅拌机中搅碎。

第4步　将杏鲍菇的茎部切成薄片，再切成3毫米大小的丁。

第5步　将水或高汤煮沸之后加入土豆、洋葱和杏鲍菇，先小火煮3～5分钟。

第6步　将菠菜面下入浓汤中，再中火炖煮5～7分钟即可。如果觉得面条太长，可以用辅食剪剪短一些。

红薯小饼干

原料

红薯……40克

母乳或配方奶……20毫升

鸡蛋……1个

具体步骤

第1步　红薯蒸熟后，去皮。

第2步　用研磨碗将红薯捣成泥。

第3步　鸡蛋打入碗中，搅打均匀。

第4步　将红薯、鸡蛋和母乳（或配方奶）倒入碗中，用搅拌匀拌匀。

第5步　将搅拌好的泥挤到铺了油纸的烤盘中（可以用6齿裱花嘴来挤，这样纹路会比较漂亮。没有的话，可以直接用小勺做成一个圆形）。

第6步　烤箱170℃预热后，烤制15分钟，烤到外面稍稍发硬即可。

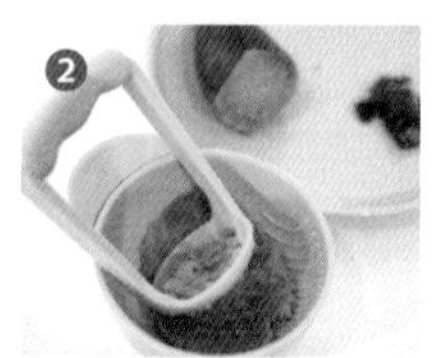

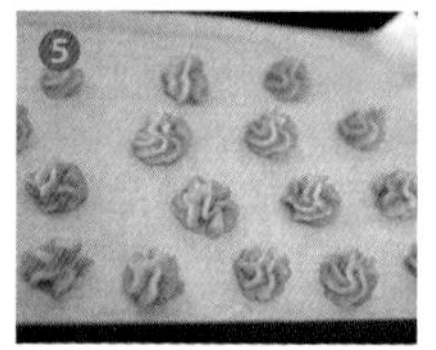

营养素	能量/千卡	蛋白质/克	脂肪/克	维生素A/微克	维生素B_1/毫克	维生素B_2/毫克	维生素C/毫克	钙/毫克	铁/毫克	锌/毫克
营养素含量	107.5	6.6	1.0	52.2	0.0	0.1	2.6	35.2	0.6	0.3

营养素	能量/千卡	蛋白质/克	脂肪/克	维生素A/微克	维生素B_1/毫克	维生素B_2/毫克	维生素C/毫克	钙/毫克	铁/毫克	锌/毫克
营养素含量	306.4	15.5	9.0	27.5	0.1	0.2	12.7	119.5	1.3	1.2

奶香布丁

原料

鸡蛋……2个

母乳或配方奶……250毫升

柠檬汁……2滴

具体步骤

第1步　将鸡蛋打散。

第2步　加入母乳（或配方奶）和柠檬汁。

第3步　将鸡蛋牛奶混合液过筛，再上锅隔水蒸15分钟左右即可。

南瓜红枣泥

原料

南瓜……80克　红枣……6个

具体步骤

第1步　将红枣清洗干净后，在清水中浸泡半小时。

第2步　将红枣在锅中煮熟，基本上煮到表皮的皱褶消失。

第3步　红枣捞出凉凉后剥皮去核，然后用刀剁成枣泥。

第4步　南瓜清洗干净后去皮和瓤，切成小块后上锅蒸熟。

第5步　将蒸好的南瓜用研磨钵捣成南瓜泥。

第6步　将南瓜泥和枣泥搅拌在一起就可以给宝宝吃了。

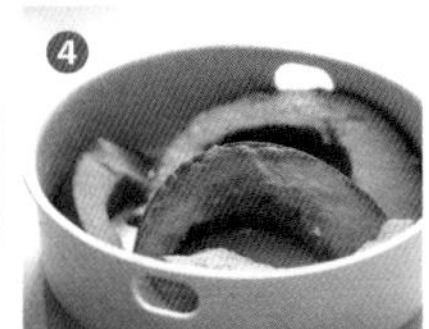
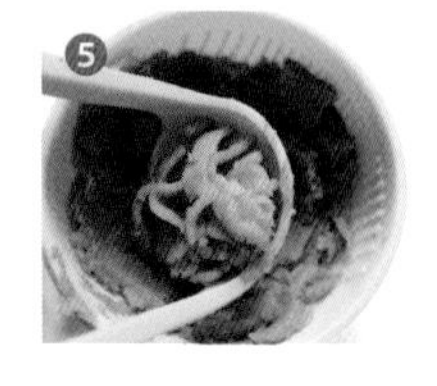

营养素	能量/千卡	蛋白质/克	脂肪/克	维生素A/微克	维生素B_1/毫克	维生素B_2/毫克	维生素C/毫克	钙/毫克	铁/毫克	锌/毫克
营养素含量	54.5	1.3	0.1	202.4	0.0	0.1	4.7	18.2	0.5	0.2

营养素	能量/千卡	蛋白质/克	脂肪/克	维生素A/微克	维生素B_1/毫克	维生素B_2/毫克	维生素C/毫克	钙/毫克	铁/毫克	锌/毫克
营养素含量	119.7	2.1	3.6	18.5	0.0	0.1	18.7	42.6	0.8	0.5

香瓜香蕉奶昔

原料

香瓜……70克　香蕉……40克

母乳或配方奶……100毫升

具体步骤

第1步　香瓜去皮、子，然后切成小块待用。

第2步　香蕉去皮，也切成小块。

第3步　将香蕉和香瓜一并放入搅拌机内搅拌，并同时倒入母乳或配方奶，打成奶昔即可。

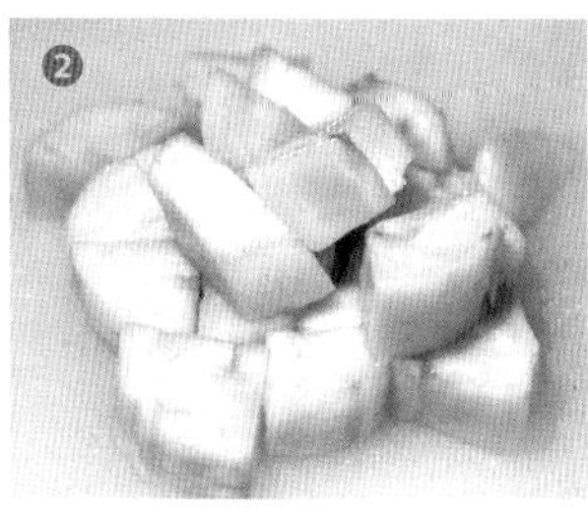

营养素	能量/千卡	蛋白质/克	脂肪/克	维生素A/微克	维生素B_1/毫克	维生素B_2/毫克	维生素C/毫克	钙/毫克	铁/毫克	锌/毫克
营养素含量	118.7	4.3	5.9	12.5	0.0	0.1	14.0	67.5	0.9	0.6

菠萝豆腐果昔

原料

菠萝……50克　　豆腐……30克

母乳或配方奶……100毫升

具体步骤

第1步　取一块嫩豆腐（拇指大小），切成小块。

第2步　豆腐在锅中煮熟待用。

第3步　菠萝去皮后，切成小块。

第4步　将煮熟的豆腐和菠萝一并放入搅拌杯中。

第5步　倒入100毫升的母乳或配方奶。

第6步　用手持搅拌棒打成果昔。

玉米浓汤

原料

玉米……50克　母乳或配方奶……100毫升

玉米富含膳食纤维，但是单独给宝宝吃的话可能会噎到。这道玉米汤十分美味，而且简单易操作，既可以作为加餐，也可以加入一些米饭煮成粥，或是加入面条作为玉米浓汤面。

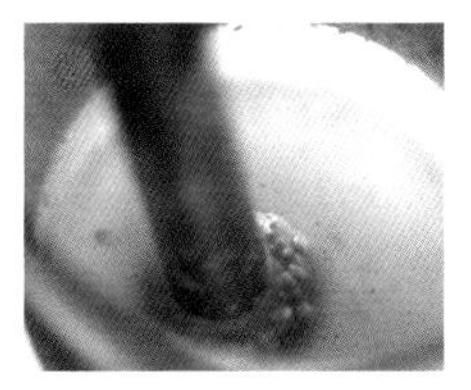

具体步骤

第1步　先将玉米剥去外皮和须，然后在蒸锅中蒸熟。

第2步　将玉米粒用小刀挖下来。

第3步　将玉米粒放入母乳或配方奶中，并且用搅拌机搅拌。将搅碎的玉米奶倒入锅中煮5～7分钟即可。

营养素	能量/千卡	蛋白质/克	脂肪/克	维生素A/微克	维生素B_1/毫克	维生素B_2/毫克	维生素C/毫克	钙/毫克	铁/毫克	锌/毫克
营养素含量	117.8	3.3	4.0	11.0	0.1	0.1	13.0	30.0	0.7	0.8

营养素	能量/千卡	蛋白质/克	脂肪/克	维生素A/微克	维生素B_1/毫克	维生素B_2/毫克	维生素C/毫克	钙/毫克	铁/毫克	锌/毫克
营养素含量	94.7	8.8	1.4	41.3	0.0	0.1	0.8	26.0	0.6	0.4

日式茶碗蒸

很多家长都会给宝宝做鸡蛋羹，但是单一地用鸡蛋来做，宝宝吃几次就不喜欢了。这个时候可以加一些蔬菜，来丰富鸡蛋羹的味道。

具体步骤

第1步　将西葫芦洗净后去皮，切片。

第2步　将胡萝卜洗净后去皮，切片。

第3步　将切好的西葫芦、胡萝卜放在锅中煮熟，剁碎。

第4步　取新鲜鸡蛋打成蛋液，鸡蛋液中放入剁碎的西葫芦和胡萝卜。

第5步　加入水或者高汤，小火蒸熟到六成熟，然后将三文鱼松撒在蒸蛋上，继续蒸熟即可。

原料

鸡蛋……1个　西葫芦……5克

胡萝卜……5克　三文鱼松……5克

水或高汤……50毫升

小贴士

蒸蛋的时候加入肉汤能使蒸蛋更喷香诱人。用小火慢慢蒸熟的蛋羹，其口感类似于柔软有弹性的布丁，美味营养。

红豆燕麦奶粥

介绍一道营养美味的快手早餐辅食——红豆燕麦奶粥。奶粥中所用的米饭可以是前一天的晚餐剩饭，红豆也可以在前一天蒸米饭的时候同时蒸好，这样一顿快手早餐辅食很快就能做好了。

原料

软饭……30克　鸡肉……10克　燕麦……20克　红豆……10克

母乳或配方奶……100毫升　水……150毫升

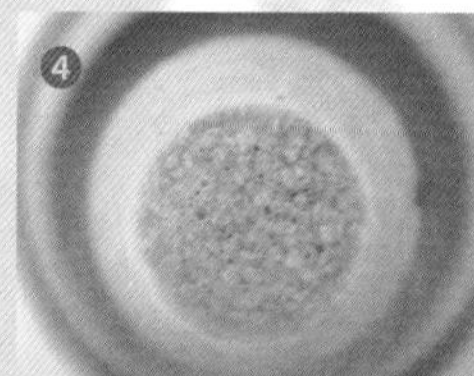

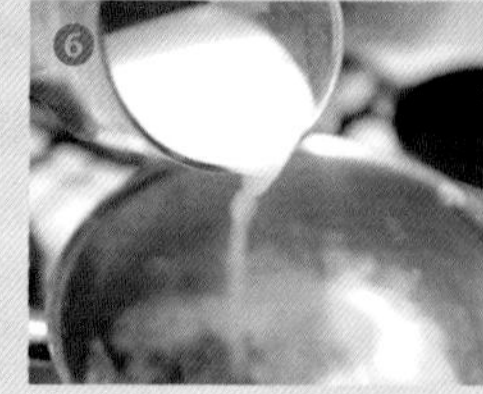

具体步骤

第1步　红豆在水里浸泡一段时间，泡到红豆稍微涨大即可。

第2步　将浸泡充分的红豆放到锅中煮熟。

第3步　将煮熟的红豆凉凉后，去皮切碎。

第4步　将燕麦倒入搅拌杯中，加水搅碎成燕麦糊。

第5步　将软饭和燕麦糊混合后倒入水，再放入处理好的鸡肉末、红豆末，中火炖煮7～8分钟。

第6步　加入母乳或配方奶，搅拌均匀即可。

营养素	能量/千卡	蛋白质/克	脂肪/克	维生素A/微克	维生素B_1/毫克	维生素B_2/毫克	维生素C/毫克	钙/毫克	铁/毫克	锌/毫克
营养素含量	283.7	8.9	4.4	13.9	0.3	0.4	5.0	50.8	10.2	1.4

营养素	能量/千卡	蛋白质/克	脂肪/克	维生素A/微克	维生素B_1/毫克	维生素B_2/毫克	维生素C/毫克	钙/毫克	铁/毫克	锌/毫克
营养素含量	113.4	4.6	4.0	13.8	0.1	0.1	19.8	36.5	0.5	0.5

土豆西蓝花鸡肉浓汤

原料

鸡肉……10克　　土豆……40克

西蓝花……15克　　水……20毫升

母乳或配方奶……100毫升

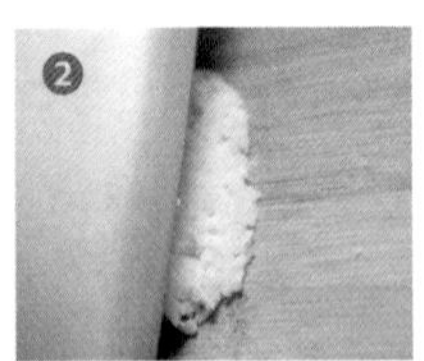

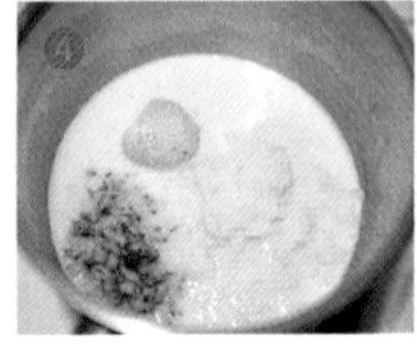

具体步骤

第1步　将土豆清洗干净以后，上锅蒸熟。

第2步　蒸熟的土豆凉凉后去皮，碾成泥。

第3步　西蓝花清洗干净后，放到沸水中焯一下，只保留“花”的部分，然后将其切成很碎的颗粒。

第4步　锅中放少许水，然后加入煮熟并切碎的鸡肉，再把土豆泥和西蓝花颗粒放到汤中，中火煮5～7分钟，之后加入母乳或配方奶，再小火炖煮3～5分钟。

12～23个月宝宝的膳食计划和辅食日志

12～23个月宝宝的膳食计划

很多爸爸妈妈从宝宝1岁开始，就逐渐让他吃家常食物了。我们并不反对爸爸妈妈让宝宝过渡到家常食物，但是这个过渡过程一定要符合孩子发育的规律。比如，食物还是要做得比正常大人吃的饭菜要软烂，尽量口味清淡，少加盐和各种调味料，营养搭配多样合理。

一日膳食计划

我们将三餐和点心的分量合在了一起，爸爸妈妈可以根据后面的食谱示例来了解每种食物的量。

奶	辅食
按宝宝的需要喂母乳（约400毫升～500毫升）	谷类（100克～150克） 肉鱼蛋类（100克） 蔬菜（150克～200克） 水果（150克～200克）

12～23月龄宝宝的一周食谱是不是已经令父母眼花缭乱了？其实，爸爸妈妈不用太担心，工作日的食材尽量搭配可以重复的，爸爸妈妈甚至照顾人都可以按照这样的食谱来准备。记得只需要做得软烂一些、清淡一些。周末，有精力、有兴趣的妈妈可以做一些形式变化多样的小点心，还可以让宝宝参与辅食制作，让他体验动手操作的乐趣。

一周食谱示例

	周一	周二	周三	周四	周五	周六	周日
早餐	面包＋鲜奶	草莓牛奶麦片	番茄鸡蛋面	包子＋鲜奶	香蕉牛奶麦片	菠菜猪肉面	三明治
点心	苹果	橙子	哈密瓜香蕉果昔	橘子	梨	菠萝	哈密瓜
午餐	鲜虾胡萝卜面	冬瓜鸡肉菠菜配软米饭	丝瓜胡萝卜炖肉配软米饭	南瓜核桃牛肉软米饭	胡萝卜西葫芦海带配软米饭	丝瓜西蓝花牛肉面	菠菜南瓜洋葱鸡肉软米饭
点心	土豆饼干	红薯饼干	土豆玉米泥	红薯西蓝花泥	土豆蛋黄饼	三色小饭团	牛油果鸡蛋沙拉
晚餐辅食	豆腐虾仁丸子汤配软米饭	鱼肉豆腐汤配软米饭	玉米洋葱盖饭	鲜虾西蓝花烩饭	豆腐油麦菜肉片面	冬瓜番茄猪肝配软米饭	香蕉苹果牛肉软米饭

添加量：宝宝每餐可以吃到半碗（250毫升为一碗）。另外，宝宝胃口不同，所以记得根据宝宝的饥饱信号来喂辅食。

一周采购菜单

随着宝宝食谱的丰富，要采购的食材也多了一些。每一样不必买太多，多种搭配营养好。

肉鱼蛋类	蔬菜	水果	谷类	坚果
牛肉 猪肉 鸡肉 虾 鸡蛋 鱼	南瓜 冬瓜 菠菜 豆腐 番茄 丝瓜 胡萝卜 玉米 洋葱 西葫芦 海带 土豆 油麦菜 西蓝花 红薯	苹果 橘子 香蕉 菠萝 草莓 哈密瓜 牛油果	大米 面粉	核桃

12～23月龄食谱

12～23个月儿童每日营养素参考摄入量表

营养素	12-23个月儿童每日营养素参考摄入量
能量/千卡	900（男）/800（女）
蛋白质/克	25
脂肪/（%总能量）	35*
维生素A/微克	310
维生素B_1/毫克	0.6
维生素B_2/毫克	0.6
维生素C/毫克	40.0
钙/毫克	600
铁/毫克	9.0
锌/毫克	4.0

* 此数据为脂肪占全天总能量的比例。

营养素	能量/千卡	蛋白质/克	脂肪/克	维生素A/微克	维生素B_1/毫克	维生素B_2/毫克	维生素C/毫克	钙/毫克	铁/毫克	锌/毫克
营养素含量	237.6	7.7	1.3	73.3	0.1	0.1	7.4	20.1	1.8	1.2

橘子菠菜鸡肉软米饭

原料

大米……60克　鸡肉……15克

橘子……15克　菠菜……10克

高汤……180毫升

具体步骤

第1步　菠菜清洗干净，在沸水中焯熟。

第2步　取菠菜叶，切成5毫米~8毫米大小的段。

第3步　橘子取橘肉，去表皮及筋络，用刀将橘肉剁碎待用。

第4步　将鸡肉放到沸水中煮熟，将汤盛出（作为高汤），然后将鸡肉撕成小块后切碎或用搅拌机打成鸡肉末。

第5步　取煮熟鸡肉所剩的肉汤180毫升，倒入煮好的软米饭炖煮，然后将处理好的菠菜和鸡肉倒入软饭中，炖煮7~10分钟，最后将剁碎的橘子肉倒入，搅拌一下即可。

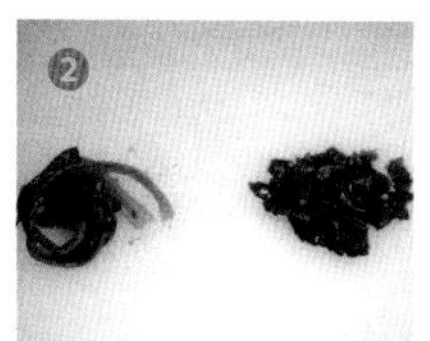

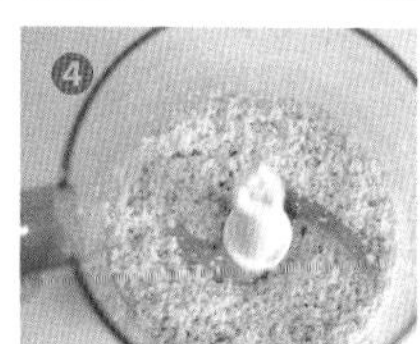

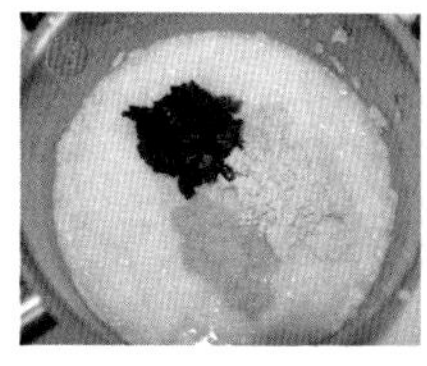

板栗红枣鸡肉软米饭

原料

大米……60克　鸡肉……15克
大枣……15克　板栗……10克
水或高汤……180毫升

具体步骤

第1步　将板栗剥去壳，再去皮，然后切成5毫米～8毫米的颗粒。

第2步　红枣放在清水中浸泡半小时。

第3步　将红枣放入锅中煮至表面皱褶消失。

第4步　红枣煮熟之后去皮去核，剁成红枣泥。

第5步　将鸡肉煮熟后，用搅拌机打成鸡肉末。

第6步　向煮好的软米饭中加入水或高汤，然后加入切碎的板栗、红枣和鸡肉。

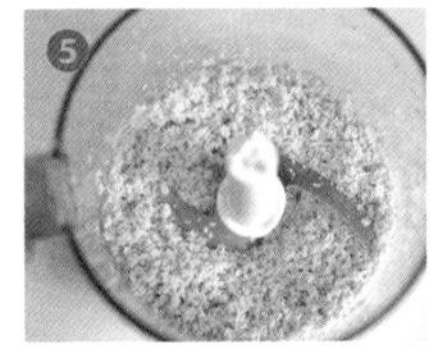

营养素	能量/千卡	蛋白质/克	脂肪/克	维生素A/微克	维生素B_1/毫克	维生素B_2/毫克	维生素C/毫克	钙/毫克	铁/毫克	锌/毫克
营养素含量	290.5	8.1	1.4	3.1	0.1	0.1	3.3	18.0	1.8	1.7

营养素	能量/千卡	蛋白质/克	脂肪/克	维生素A/微克	维生素B_1/毫克	维生素B_2/毫克	维生素C/毫克	钙/毫克	铁/毫克	锌/毫克
营养素含量	223.8	6.5	1.0	1.6	0.1	0.0	0.6	9.2	1.5	1.1

茄子西葫芦鸡肉软米饭

茄子和西葫芦的皮韧性都比较大，不适合婴幼儿直接食用，给宝宝制作辅食时需要去皮处理。

原料

大米……60克　鸡肉……10克

茄子……15克　西葫芦……15克

水或高汤……180毫升

具体步骤

第1步　将茄子洗净后去皮。

第2步　将茄子切成5毫米～8毫米大小的丁。

第3步　将西葫芦洗净后去皮。

第4步　将西葫芦切成5毫米～8毫米大小的丁。

第5步　将鸡肉煮好后撕成小条，然后再切成5毫米～8毫米大小的肉丁。

第6步　将煮好的米饭倒入锅中，加入水或高汤，熬煮好后加入鸡肉丁、茄丁和西葫芦丁，中火煮7～10分钟即可。

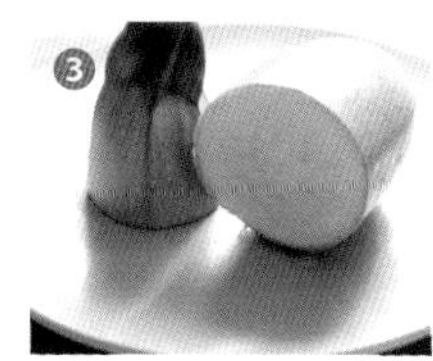

营养素	能量/千卡	蛋白质/克	脂肪/克	维生素A/微克	维生素B_1/毫克	维生素B_2/毫克	维生素C/毫克	钙/毫克	铁/毫克	锌/毫克
营养素含量	228.9	6.7	1.0	3.8	0.1	0.0	20.0	9.7	1.5	1.1

彩椒山药鸡肉软米饭

原料

米饭……60克　鸡肉……10克

彩椒……15克　山药……10克

水或高汤……180毫升

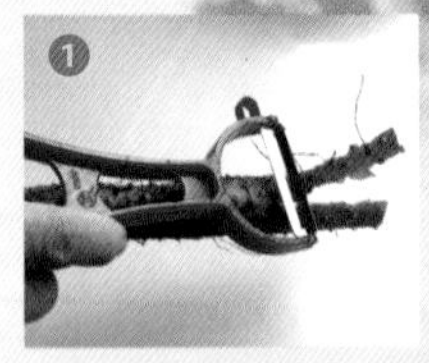

具体步骤

第1步　山药洗净后去皮。

第2步　将山药切成3毫米～5毫米大小的碎丁。

第3步　将彩椒清洗后去皮。

第4步　将彩椒切成3毫米～5毫米大小的碎丁。

第5步　将鸡肉煮好后撕成小条，然后再切成5毫米～8毫米大小的肉丁。

第6步　往煮好的米饭中倒入水或高汤，小火煮3～5分钟，煮到略微发稠的时候加入煮好的鸡肉丁、山药丁和彩椒丁，中火煮7～10分钟即可。出锅前可以放少许的油或香油。

小贴士

购买山药时要注意观察山药的横切面，如果横切面的肉质为雪白色，说明这根山药很新鲜；相反，如果呈黄色似铁锈，就千万不要购买了。山药的黏液易引起皮肤刺痒，处理时最好戴上手套。

营养素	能量/千卡	蛋白质/克	脂肪/克	维生素A/微克	维生素B_1/毫克	维生素B_2/毫克	维生素C/毫克	钙/毫克	铁/毫克	锌/毫克
营养素含量	239.1	7.9	1.3	15.6	0.1	0.1	3.3	16.5	1.7	1.2

金针菇紫甘蓝鸡肉软米饭

金针菇富含食物纤维和水分，虽然整体有点细，但是口感筋道，所以将金针菇放入婴儿辅食是不错的选择。注意，在处理金针菇时，要切掉根部。

原料

软米饭……60克　鸡肉……15克
金针菇……15克　紫甘蓝……10克
水或高汤……180毫升

具体步骤

第1步　紫甘蓝清洗干净后，切成5毫米～8毫米大小的丁。

第2步　金针菇清洗干净以后，去掉根部，然后切成5毫米～8毫米大小的丁。

第3步　将鸡肉煮熟后，用搅拌机打成鸡肉末。

第4步　将软米饭倒入锅中，加入水或是高汤，然后加入紫甘蓝丁、金针菇丁和鸡肉末，中火煮沸7～10分钟即可。

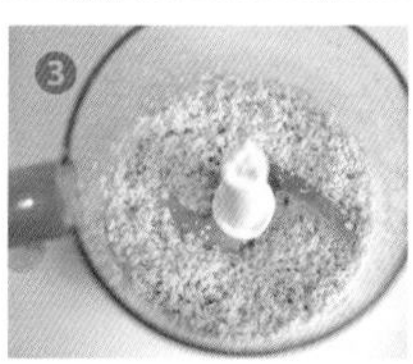

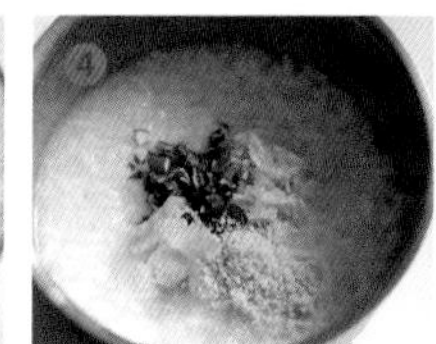

菠菜南瓜洋葱鸡肉软米饭

原料

软米饭……60克　鸡肉丁……15克
菠菜……10克　南瓜……15克
洋葱……10克
水或高汤……180毫升

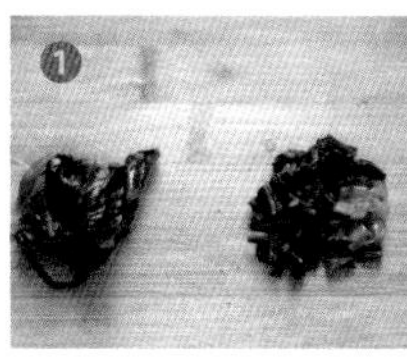

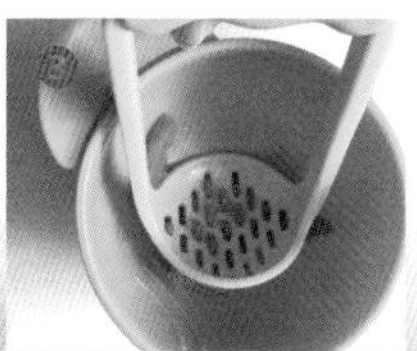

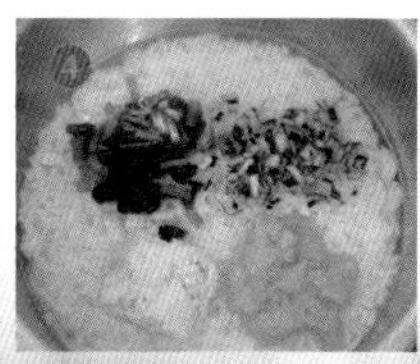

具体步骤

第1步　菠菜清洗干净，取叶子部分，放入沸水中焯一下，然后切成5毫米～8毫米大小的丁。

第2步　取10克（约2小片）洋葱，切成5毫米～8毫米大小的丁。

第3步　将南瓜切成小块，放到蒸锅上蒸熟后去皮，碾成糊。

第4步　向煮好的软米饭中倒入水或高汤，放入煮熟的鸡肉丁、菠菜丁、洋葱丁、南瓜糊，中火煮7～10分钟即可。

营养素	能量/千卡	蛋白质/克	脂肪/克	维生素A/微克	维生素B_1/毫克	维生素B_2/毫克	维生素C/毫克	钙/毫克	铁/毫克	锌/毫克
营养素含量	237.0	7.9	13.	76.7	0.1	0.1	4.5	18.9	1.9	1.2

营养素	能量/千卡	蛋白质/克	脂肪/克	维生素A/微克	维生素B_1/毫克	维生素B_2/毫克	维生素C/毫克	钙/毫克	铁/毫克	锌/毫克
营养素含量	263.8	10.7	3.7	4.6	0.1	0.1	0.0	35.3	3.1	1.6

豆腐紫菜肉丁软米饭

原料

软米饭……60克　豆腐……20克

猪肉……20克　干紫菜……2克

具体步骤

第1步　猪肉用水煮到筷子能轻松插过后即可。

第2步　将煮熟的猪肉切成肉丁。

第3步　紫菜用水浸泡1小时，注意洗掉紫菜上的泥沙。

第4步　取豆腐一块，将豆腐切成小块。

第5步　锅中加少许油（如图所示），加入肉丁翻炒一下。

第6步　锅中依次加入紫菜、豆腐丁、软米饭，翻炒1～2分钟，出锅前加少许酱油。

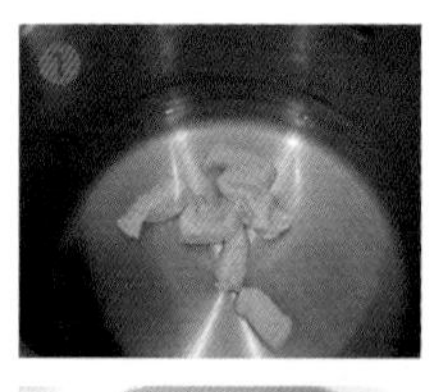

番茄猪肝配软米饭

原料

软米饭……60克　番茄……100克

猪肝……20克

具体步骤

第1步　将猪肝洗净并切成小碎块，切的程度如图所示。

第2步　锅中放入少量油，待油烧热后放入切好的猪肝，翻炒2～3分钟盛出备用。

第3步　番茄洗净后切成小块。

第4步　锅中放入少量油，待油烧热后放入切好的番茄翻炒。

第5步　待番茄翻炒出汁，加入备好的猪肝一起翻炒1～2分钟。

第6步　出锅前加入少量酱油，色香味俱佳的番茄炒猪肝就做好了，配上软米饭宝宝一定会爱吃的。

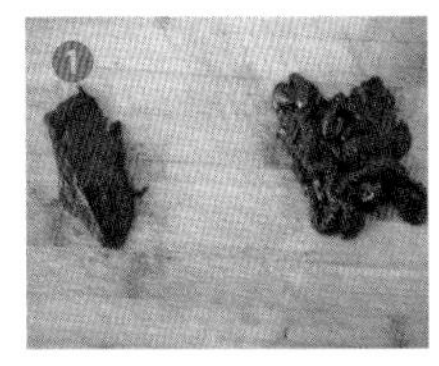

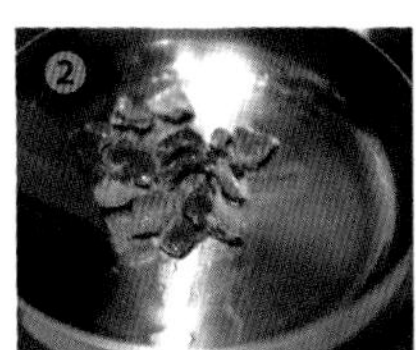

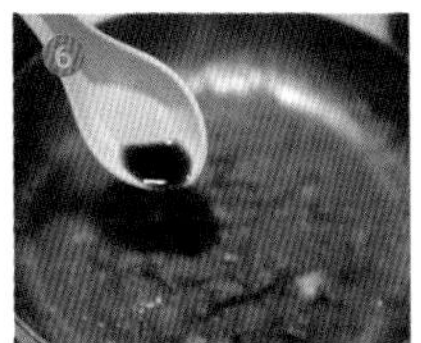

营养素	能量/千卡	蛋白质/克	脂肪/克	维生素A/微克	维生素B_1/毫克	维生素B_2/毫克	维生素C/毫克	钙/毫克	铁/毫克	锌/毫克
营养素含量	243.9	9.2	1.6	1363.4	0.1	0.4	14.0	13.0	6.2	1.9

冬瓜番茄猪肝软米饭

原料

大米……60克　　猪肝……10克

冬瓜……10克　　番茄……10克

水……180毫升

具体步骤

第1步　将冬瓜清洗后，切成小块备用。

第2步　将番茄清洗后，去掉中间的子，切碎备用。

第3步　将猪肝放到锅中，加水煮熟，大约煮15分钟，到叉子可以轻松插过即可。

第4步　将煮好的猪肝切碎备用。

第5步　大米用水泡过后，加清水小火熬。软米饭煮好后，加入切好的冬瓜、番茄和猪肝，再小火熬煮2～3分钟即可。

第6步　出锅前可以加入少量盐或酱油。

营养素	能量/千卡	蛋白质/克	脂肪/克	维生素A/微克	维生素B_1/毫克	维生素B_2/毫克	维生素C/毫克	钙/毫克	铁/毫克	锌/毫克
营养素含量	119.4	4.3	0.7	660.7	0.1	0.2	3.7	7.4	3.1	0.9

鲜虾西蓝花烩饭

海鲜类的食物本身就有一定的鲜味和咸味，给宝宝做这类食物建议尽量少放或者不放盐，做成低盐食物会更健康。

原料

软米饭……60克　鲜虾仁……50克

西蓝花……20克

具体步骤

第1步　鲜虾清洗干净后，投入沸水中煮熟。

第2步　将煮过的虾去头、去壳，挑去肠线，切碎。

第3步　将西蓝花洗干净，在沸水中焯一下，去梗，取“花”的部分并切得细碎，备用。

第4步　锅中加少许油，待油烧热后一次加入虾仁、西蓝花、软米饭。

第5步　将锅中的原料一起翻炒1～2分钟，出锅前加入少量的盐。

营养素	能量/千卡	蛋白质/克	脂肪/克	维生素A/微克	维生素B_1/毫克	维生素B_2/毫克	维生素C/毫克	钙/毫克	铁/毫克	锌/毫克
营养素含量	260.7	14.6	1.6	247.9	0.1	0.1	10.2	48.8	2.3	2.4

营养素	能量/千卡	蛋白质/克	脂肪/克	维生素A/微克	维生素B_1/毫克	维生素B_2/毫克	维生素C/毫克	钙/毫克	铁/毫克	锌/毫克
营养素含量	247.8	10.7	0.9	25.9	0.1	0.1	7.2	35.1	2.0	1.8

西葫芦番茄炒虾盖饭

18月龄以上的宝宝，可以慢慢尝试将饭菜分开，这样可以帮助宝宝更好地适应成人的饮食。

原料

软米饭……60克　西葫芦……50克

番茄……30克　虾……30克

具体步骤

第1步　西葫芦清洗干净后去皮，切成半月状薄片。

第2步　鲜虾在锅中煮熟，捞出后剥皮，去除肠线，然后切成5毫米～8毫米的小丁。

第3步　番茄清洗干净后，也切成5毫米～8毫米的小丁。

第4步　平底锅中倒入少许油。

第5步　待油热后倒入西葫芦翻炒。

第6步　翻炒一会儿后加入番茄丁和虾丁，再继续翻炒一下，之后加一点儿高汤稍微焖煮2～3分钟即可。将煮好的西葫芦番茄炒虾盖在软米饭上，一道美味的辅食就完成了。

营养素	能量/千卡	蛋白质/克	脂肪/克	维生素A/微克	维生素B_1/毫克	维生素B_2/毫克	维生素C/毫克	钙/毫克	铁/毫克	锌/毫克
营养素含量	38.7	5.6	0.4	149.8	0.0	0.0	12.3	26.9	0.7	0.8

番茄炒洋葱西蓝花虾配软米饭

这道辅食已经逐渐向成人的辅食迈进——像成人饭菜那样把菜炒出来，再搭配米饭吃。

原料

番茄……40克　洋葱……20克

西蓝花……10克　鲜虾……1只

具体步骤

第1步　番茄清洗干净以后切成1厘米左右的小丁。

第2步　西蓝花清洗干净以后，切成1厘米~2厘米的小朵。

第3步　洋葱清洗干净，取一片，同样切成1厘米的洋葱丁。

第4步　新鲜的虾在锅中煮熟，然后去掉虾头和壳，还要挑掉肠线，再切成1厘米~2厘米的小块。

第5步　平底锅中倒上油，待油烧热后加入洋葱。

第6步　爆出香味以后，加入虾、西蓝花和番茄，翻炒后加入10毫升的高汤，待煮得稍微软烂一点儿后盛出，搭配米饭一起，宝宝会非常爱吃。

苹果空心菜牛肉软米饭

苹果含有的果胶能够预防儿童便秘，同时也对腹泻有一定的收敛作用。

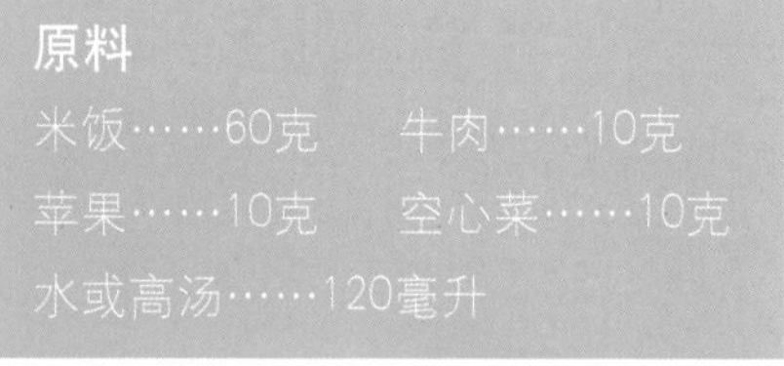

原料

米饭……60克　牛肉……10克

苹果……10克　空心菜……10克

水或高汤……120毫升

具体步骤

第1步　苹果清洗干净以后，去皮切成5毫米～8毫米的小丁备用。

第2步　空心菜清洗干净后，浸泡半小时。

第3步　将空心菜切成5毫米～8毫米的菜末备用。

第4步　锅中放水，待水沸腾以后加入牛肉，然后中火炖煮牛肉，煮到牛肉能用筷子轻松插过，取出。

第5步　牛肉凉凉后撕成小条，然后切成5毫米～8毫米的碎末。

第6步　取煮好的米饭，加入水或是煮牛肉的汤，煮至比较黏稠时将处理好的牛肉末、苹果丁和菜末倒入软米饭中，再用中火焖煮7～10分钟即可。出锅后，还可以浇上两勺番茄酱，用来提味。

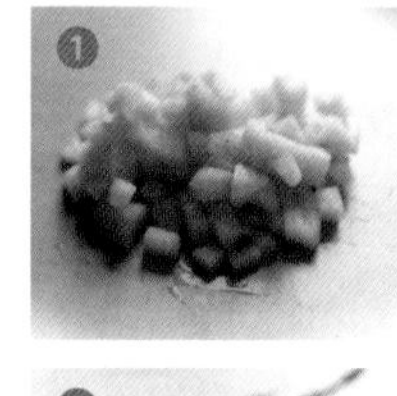

营养素	能量/千卡	蛋白质/克	脂肪/克	维生素A/微克	维生素B_1/毫克	维生素B_2/毫克	维生素C/毫克	钙/毫克	铁/毫克	锌/毫克
营养素含量	228.3	6.9	1.0	25.6	0.1	0.1	2.9	18.4	1.7	1.5

营养素	能量/千卡	蛋白质/克	脂肪/克	维生素A/微克	维生素B_1/毫克	维生素B_2/毫克	维生素C/毫克	钙/毫克	铁/毫克	锌/毫克
营养素含量	259.2	9.4	3.4	512.3	0.1	0.1	1.0	15.6	1.7	2.2

南瓜核桃牛肉软米饭

原料

米饭……60克　牛肉……20克

南瓜……20克　核桃粉……3克

水……120毫升

具体步骤

第1步　将处理好的核桃（核桃的预处理方法请参见P87～88）放到搅拌器中，打成核桃粉。

第2步　将南瓜清洗干净，去皮以后切成5毫米～8毫米的丁。

第3步　将牛肉煮熟，然后将煮熟的牛肉切成小丁。

第4步　将120毫升的水倒入煮好的米饭中，之后把煮熟的牛肉末加到米饭中，再放入南瓜丁和核桃粉，中火煮沸7～10分钟即可。

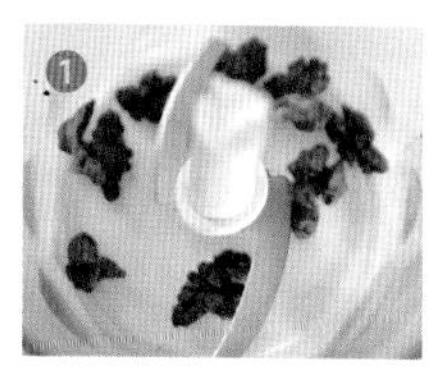

营养素	能量/千卡	蛋白质/克	脂肪/克	维生素A/微克	维生素B_1/毫克	维生素B_2/毫克	维生素C/毫克	钙/毫克	铁/毫克	锌/毫克
营养素含量	246.1	9.3	2.5	6.0	0.1	0.1	0.0	30.9	1.8	1.9

海带豆腐牛肉软米饭

原料

米饭……60克　牛肉……15克

海带……15克　豆腐……15克

水……120毫升

具体步骤

第1步　将豆腐切成1厘米大小的丁。

第2步　海带清洗干净以后，在锅中煮软（干海带需要先用清水泡发，然后仔细清洗掉泥沙）。

第3步　将煮软的海带切成5毫米~8毫米大小的丁。

第4步　将牛肉煮好后，撕成小条，再切成5毫米~8毫米大小的肉丁。

第5步　向米饭中倒入水，煮开后加入豆腐丁、海带丁和牛肉丁，再炖煮3~5分钟即可。

杏鲍菇油菜牛肉软米饭

杏鲍菇的菌柄比菌盖的口感更好，所以我们在给宝宝做辅食的时候，通常去掉菌盖（就是伞状、深色的部分）。

具体步骤

第1步　将小油菜清洗干净以后，在沸水中稍微焯一下，切成5毫米～8毫米大小的丁。

第2步　杏鲍菇清洗干净，取掉菌盖，保留菌柄部分，然后将菌柄切成5毫米～8毫米大小的丁。

第3步　将整块牛肉清洗一下，然后在锅中炖煮20～30分钟，煮到牛肉软烂后捞出，根据宝宝咀嚼的情况用搅拌机打成牛肉末或切成牛肉丁。

第4步　将水倒入煮好的米饭中，之后把煮熟剁碎的牛肉也加到软米饭中，然后再放入杏鲍菇和油菜，中火煮沸7～10分钟。

原料

米饭……60克　牛肉……15克

杏鲍菇……15克　小油菜……15克

水……180毫升

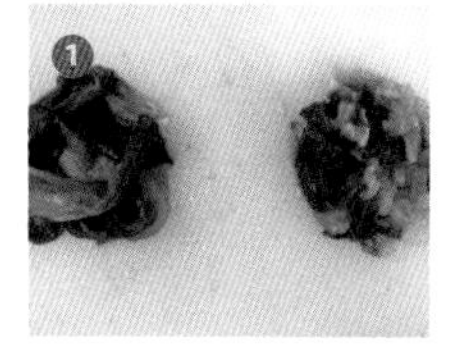

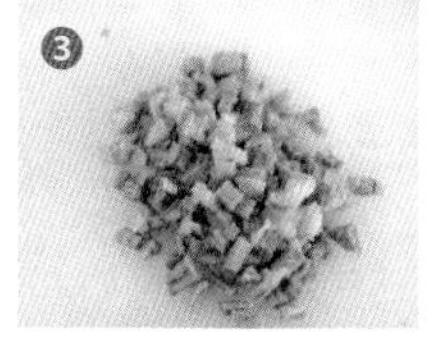

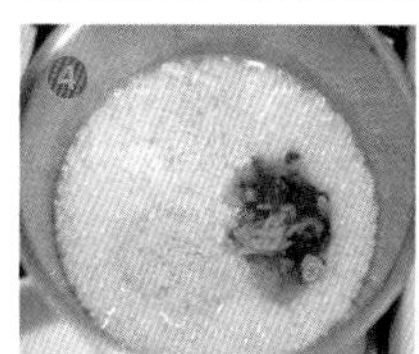

营养素	能量/千卡	蛋白质/克	脂肪/克	维生素A/微克	维生素B_1/毫克	维生素B_2/毫克	维生素C/毫克	钙/毫克	铁/毫克	锌/毫克
营养素含量	233.9	8.2	1.3	27.1	0.1	0.1	0.0	32.4	1.6	1.8

胡萝卜西葫芦海带配软米饭

海带中含钙、碘丰富，宝宝食用能补充身体所需的钙元素，促进骨骼发育，同时也能预防甲状腺疾病。

原料

大米……60克　海带……15克

西葫芦……10克　胡萝卜……10克

水……120毫升

具体步骤

第1步　将海带清洗干净（干海带需要先用清水泡发，然后仔细清洗掉泥沙），放到水中煮熟。

第2步　胡萝卜去皮，和西葫芦一起放到沸水中焯一下。

第3步　分别将胡萝卜、海带和西葫芦切成碎末。

第4步　大米用水泡过后，加150毫升清水小火熬。

第5步　软米饭煮好后，加入胡萝卜末、西葫芦末和海带末，再小火熬煮2～3分钟即可。出锅时可以加入少量酱油。

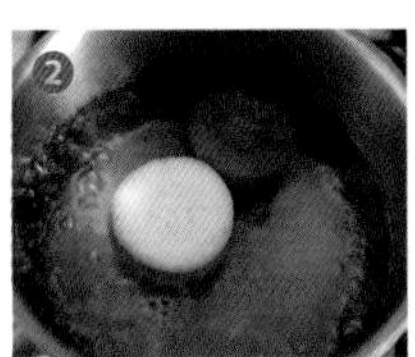

营养素	能量/千卡	蛋白质/克	脂肪/克	维生素A/微克	维生素B_1/毫克	维生素B_2/毫克	维生素C/毫克	钙/毫克	铁/毫克	锌/毫克
营养素含量	213.8	4.8	0.5	75.0	0.1	0.1	1.5	18.9	1.6	1.1

黄瓜炒鸡蛋盖饭

原料

米饭……60克　黄瓜……50克

鸡蛋……1个

具体步骤

第1步　黄瓜清洗干净后，去皮，切成薄片。

第2步　将鸡蛋打散。

第3步　在锅中放少许油，然后炒鸡蛋。

第4步　翻炒到鸡蛋呈固体小块后加入黄瓜，翻炒2～3分钟后，稍微加一点儿盐，最后盖在米饭上即可。

营养素	能量/千卡	蛋白质/克	脂肪/克	维生素A/微克	维生素B_1/毫克	维生素B_2/毫克	维生素C/毫克	钙/毫克	铁/毫克	锌/毫克
营养素含量	285.2	1.2	11.0	0.0	0.1	0.1	0.0	34.3	2.0	1.3

牛肉丸洋葱小油菜汤

偶尔改变辅食的形状，比如把肉做成丸子，会增强宝宝对辅食的兴趣。

原料

小油菜……30克　洋葱……10克

牛肉……40克　鸡蛋……1个

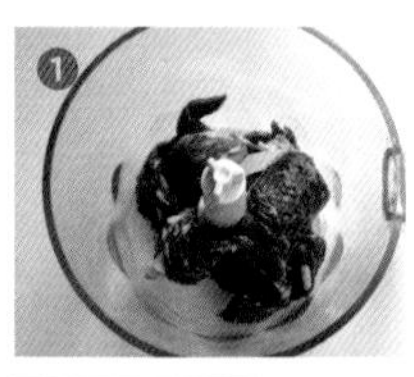

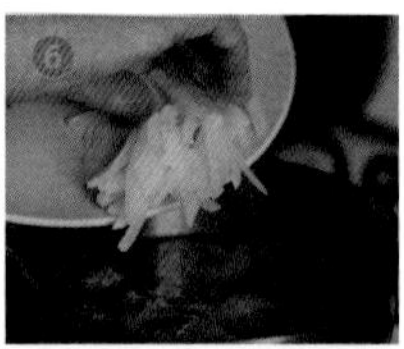

具体步骤

第1步　牛肉清洗干净以后，剔掉筋膜，用搅肉机将牛肉搅成肉泥。

第2步　鸡蛋分出蛋清。

第3步　将蛋清加到牛肉泥里，然后捏成牛肉丸。

第4步　小油菜清洗干净后，切成宽约5厘米～8厘米的碎末；洋葱清洗干净以后取一小片，同样切成宽约5厘米～8厘米的碎末。

第5步　锅中加入水，待水沸后加入牛肉丸。

第6步　将牛肉丸炖煮1～2分钟后，加入洋葱和小油菜继续炖煮，出锅前调一点儿淀粉水加到汤中即可。这道辅食可搭配软米饭吃。

营养素	能量/千卡	蛋白质/克	脂肪/克	维生素A/微克	维生素B_1/毫克	维生素B_2/毫克	维生素C/毫克	钙/毫克	铁/毫克	锌/毫克
营养素含量	339.8	20.0	2.9	54.6	0.1	0.1	0.8	77.8	2.4	3.2

营养素	能量/千卡	蛋白质/克	脂肪/克	维生素A/微克	维生素B_1/毫克	维生素B_2/毫克	维生素C/毫克	钙/毫克	铁/毫克	锌/毫克
营养素含量	18.9	0.9	0.2	92.0	0.0	0.0	19.0	10.0	0.4	0.1

自制番茄酱

原料

番茄……2个

具体步骤

第1步　将番茄清洗干净后，在番茄底部用小刀划出十字。

第2步　将整只番茄放入沸水中煮，煮到番茄皮都翻起来，感觉已经比较软了以后捞出。

第3步　将煮熟的番茄放凉后去皮，然后将番茄切成小块备用。

第4步　在平底锅中放少许油，油热后加入番茄块，小火熬煮8～10分钟，待番茄已经全部软烂不成形时，适当加入一点盐，就可以出锅了。

小贴士

家庭自制番茄酱尽量不要储存太长时间，最好在3天内食用完毕，可以搭配米饭、蛋包饭、面条等。

营养素	能量/千卡	蛋白质/克	脂肪/克	维生素A/微克	维生素B_1/毫克	维生素B_2/毫克	维生素C/毫克	钙/毫克	铁/毫克	锌/毫克
营养素含量	251.3	8.4	2.5	71.5	0.1	0.1	3.9	28.1	1.8	1.3

什锦盖浇饭

1岁以后的宝宝可以和家人一起吃饭了。这个时候，爸爸妈妈可以把全家人吃的米饭做得稍微软一些，然后利用家人一起吃的蔬菜做一道“快手饭”——什锦盖浇饭给宝宝吃。

原料

米饭……60克　三文鱼碎……15克
番茄……10克　豆腐……10克
胡萝卜……8克　杏鲍菇……8克
西葫芦……8克　洋葱……10克

具体步骤

第1步　番茄、西葫芦、胡萝卜、洋葱、豆腐、杏鲍菇清洗干净后，切成5毫米～8毫米的丁备用。

第2步　锅中倒入少许油后，先下番茄丁，炒到软烂，之后加入豆腐丁、胡萝卜丁、杏鲍菇丁、洋葱丁、西葫芦丁，然后加入少许水，炖煮8～10分钟。

第3步　待什锦蔬菜炖好后加入蒸熟的三文鱼碎和调好的淀粉浆（淀粉1小勺，水3小勺），再小火煮3分钟。煮好后浇到软米饭上即可。

紫菜鸡蛋卷

紫菜的营养价值很高，低脂高纤维，还有多种微量元素，不仅能帮助婴幼儿生长发育，也能提供优质的钙质。

原料

紫菜……2张　　鸡蛋……1个

具体步骤

第1步　将鸡蛋打散，待用。

第2步　平底锅稍加热后，加入少许食用油（约一小勺）。

第3步　油稍热后将蛋液倒入，顺时针平铺蛋液，继续加热，使蛋液变成蛋饼。

第4步　取2张紫菜，平铺于蛋饼表面。

第5步　慢慢卷起成型的蛋饼边，卷好后再稍微煎一下。

第6步　关火凉凉后切段，吃时可在表面刷上一层番茄酱。

营养素	能量/千卡	蛋白质/克	脂肪/克	维生素A/微克	维生素B_1/毫克	维生素B_2/毫克	维生素C/毫克	钙/毫克	铁/毫克	锌/毫克
营养素含量	110.3	8.8	2.3	22.8	0.1	0.2	0.2	48.4	6.0	0.4

营养素	能量/千卡	蛋白质/克	脂肪/克	维生素A/微克	维生素B_1/毫克	维生素B_2/毫克	维生素C/毫克	钙/毫克	铁/毫克	锌/毫克
营养素含量	245.9	8.5	1.5	191.1	0.1	0.1	7.7	16.1	1.7	1.4

四色蔬菜盖饭

原料

米饭……60克　玉米……10克

胡萝卜……10克　蘑菇……10克

西蓝花……10克

具体步骤

第1步　新鲜玉米上蒸锅蒸熟后，将玉米粒剥下来，然后去表皮，取肉质，稍稍切碎成5毫米～8毫米的颗粒。

第2步　将胡萝卜、西蓝花、蘑菇（伞盖部分）洗净，切丁。

第3步　将处理好的蔬菜丁焯熟待用。

第4步　将焯熟的蔬菜丁和玉米丁一同倒入水或高汤中，并倒入些许芡汁勾芡。把做好的四色蔬菜芡浇到软米饭上，美味又好看的四色蔬菜盖饭就做好了。

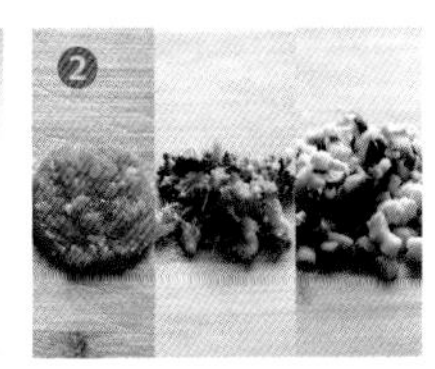

营养素	能量/千卡	蛋白质/克	脂肪/克	维生素A/微克	维生素B_1/毫克	维生素B_2/毫克	维生素C/毫克	钙/毫克	铁/毫克	锌/毫克
营养素含量	1768.6	78.5	12.5	0.0	2.3	0.3	0.0	155.0	3.0	1.0

花样馒头

改变简单食物的造型，将其做成宝宝喜欢的小动物、小花之类的形状，立刻就能吸引宝宝的眼球，让他胃口大开。

具体步骤

第1步　将酵母用少许温水化开，然后倒入面粉中揉匀。

第2步　将揉好的面团放到温暖湿润处发酵至2倍大。

第3步　将发酵好的面团再揉一揉，排掉面团中的气，之后切成小块。

第4步　把一部分面团揉成椭圆形，然后用剪刀在椭圆形的前背部剪出两个小三角形，下面点缀两颗小豆子，一个可爱的小兔子馒头就做好了。

第5步　将一部分面团揉成长条形，然后团成花状，花中放入红枣。

第6步　将上述造型的馒头直接放入盛好冷水的蒸锅中，盖上锅盖再次发酵20分钟。发酵好后开大火蒸5分钟，锅边上汽后，转小火再蒸15分钟，关火，等两三分钟后揭锅盖取出即可。

原料

面粉……500克　水……280克

酵母……8克

营养素	能量/千卡	蛋白质/克	脂肪/克	维生素A/微克	维生素B_1/毫克	维生素B_2/毫克	维生素C/毫克	钙/毫克	铁/毫克	锌/毫克
营养素含量	382.3	22.7	3.3	50.9	0.1	0.2	24.8	80.4	6.1	3.9

什锦蔬菜蛋包饭

具体步骤

第1步　彩椒、香菇清洗干净，香菇去蒂，然后将二者切成5毫米～8毫米大小的丁。

第2步　洋葱清洗干净，取半个巴掌大小的一片，切成5毫米～8毫米大小的丁。

第3步　鸡肉放到水中煮，煮到汤发白，筷子能够插进鸡肉就可以了。鸡肉捞出后撕成小条，然后切成5毫米～8毫米大小的颗粒。

第4步　平底锅中放入半勺油，然后加入彩椒丁、香菇丁、洋葱丁，稍微炒香后，加入鸡肉丁和30毫升煮鸡肉的高汤，炖煮2～3分钟。之后加入米饭和20毫升高汤，再加入一些番茄酱，小火炖煮到汤基本收干。

第5步　另准备一个碗，将鸡蛋打入，打散后过筛。

第6步　在打散的鸡蛋中加入奶液，搅拌均匀。

第7步　小火加热不粘锅，然后加入鸡蛋奶液摊成饼，待蛋饼基本成形后，加入之前做好的蔬菜鸡肉米饭，然后轻轻用勺推动蛋饼，包住米饭。出锅后外面再淋上剩下的番茄酱，美味的什锦蔬菜蛋包饭就做好了。

原料

米饭……60克　　鸡肉……15克
香菇……20克　　洋葱……10克
彩椒……10克　　番茄酱……50克
鸡蛋……1个　　高汤……50毫升
母乳或配方奶……30毫升

营养素	能量/千卡	蛋白质/克	脂肪/克	维生素A/微克	维生素B_1/毫克	维生素B_2/毫克	维生素C/毫克	钙/毫克	铁/毫克	锌/毫克
营养素含量	501.9	25.4	3.3	26.1	0.6	0.1	28.4	63.4	1.4	0.5

三色疙瘩汤

将新鲜蔬菜榨汁添加进面粉里和面，不仅提高了面食的营养价值，同时也使做出来的面食更好看。看着“色彩缤纷”的食物，宝宝食欲也会大增。

原料

面粉……120克　红彩椒……10克
黄彩椒……10克　韭菜……10克
鸡蛋……1个

具体步骤

第1步　2种彩椒清洗干净以后切块，用搅拌机打成泥。

第2步　新鲜韭菜洗净后切成小段，同样用搅拌机打成泥。

第3步　将2种彩椒泥和韭菜泥分别过滤，做成不同的菜汁。

第4步　三个碗中分别装入面粉，然后倒入红彩椒汁、黄彩椒汁、绿韭菜汁，然后用勺子搅成一个个小疙瘩。

第5步　将三色疙瘩倒入沸水中。

第6步　快煮好时倒入打散的蛋液，再煮片刻即可。

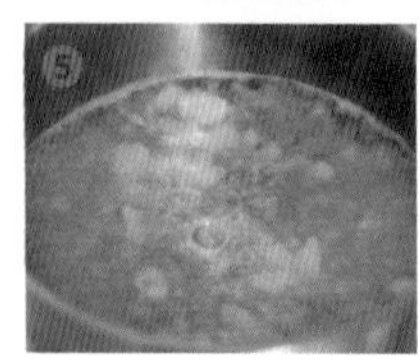
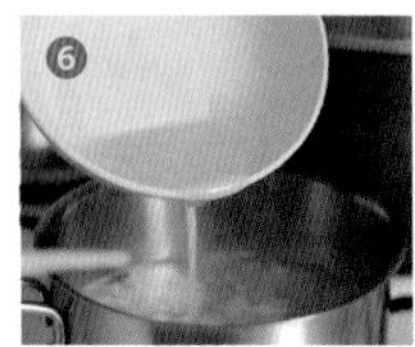

什锦蔬菜面

原料

什锦面……100克　鸡肉……20克

南瓜……10克　　胡萝卜……10克

具体步骤

第1步　将准备好的3色面团（具体做法见“三色疙瘩汤”）用擀面杖擀成约1毫米～2毫米的薄片，然后切成面条。

第2步　南瓜洗净，切成3毫米宽的丝。

第3步　胡萝卜洗净，切成3毫米宽的丝。

第4步　鸡肉在沸水中煮熟后，撕成鸡丝。

第5步　锅中加入水或高汤，煮沸后加入蔬菜面。

第6步　煮3～5分钟后再加入鸡丝、南瓜丝和胡萝卜丝，再中火煮3～5分钟即可。

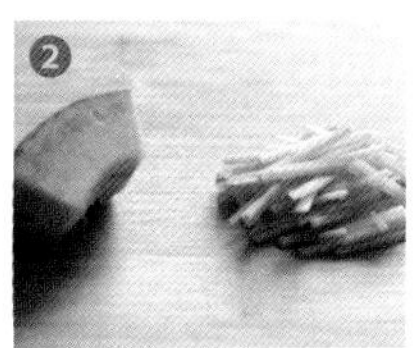

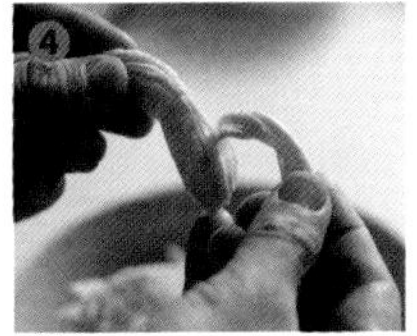

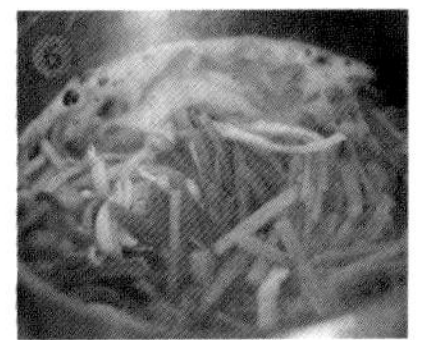

营养素	能量/千卡	蛋白质/克	脂肪/克	维生素A/微克	维生素B_1/毫克	维生素B_2/毫克	维生素C/毫克	钙/毫克	铁/毫克	锌/毫克
营养素含量	400.2	17.1	3.4	103.4	0.1	0.1	1.4	27.1	1.4	0.4

番茄牛肉菠菜小花面

原料

菠菜……80克　面……200克

番茄……20克　牛肉……15克

具体步骤

第1步　菠菜清洗干净以后，用水焯一下，再用搅拌棒打成泥，滤出菠菜汁。

第2步　面粉中加入鸡蛋和菠菜汁，然后揉成面团，擀成约2毫米～3毫米的面片。

第3步　用模具将面片压成一个个小花状。这里的模具可以是饼干模具，也可以是做可爱便当的模具。

第4步　锅中加入清水，煮沸后下入60克的菠菜小花面。

第5步　另起一锅，放入少许植物油后，加入番茄丁。

第6步　缓慢翻炒到番茄丁软烂如糊状，然后加入牛肉末和少许生抽。

第7步　煮好的小花面捞出沥干，淋上番茄牛肉酱汁即可。

营养素	能量/千卡	蛋白质/克	脂肪/克	维生素A/微克	维生素B_1/毫克	维生素B_2/毫克	维生素C/毫克	钙/毫克	铁/毫克	锌/毫克
营养素含量	233.9	9.8	0.7	13.7	0.2	0.1	2.8	9.1	6.3	1.6

营养素	能量/千卡	蛋白质/克	脂肪/克	维生素A/微克	维生素B_1/毫克	维生素B_2/毫克	维生素C/毫克	钙/毫克	铁/毫克	锌/毫克
营养素含量	130.3	6.9	2.0	12.5	0.1	0.0	0.2	21.1	0.6	0.4

油麦菜豆腐肉片面

原料

挂面……100克　油麦菜……10克

豆腐……10克　猪肉……10克

具体步骤

第1步　准备100克挂面。

第2步　将油麦菜清洗备用。

第3步　猪瘦肉切成小片。

第4步　豆腐切丁。

第5步　将面条、豆腐丁、肉片、油麦菜放入沸水中煮熟，出锅前加点儿油和盐即可。

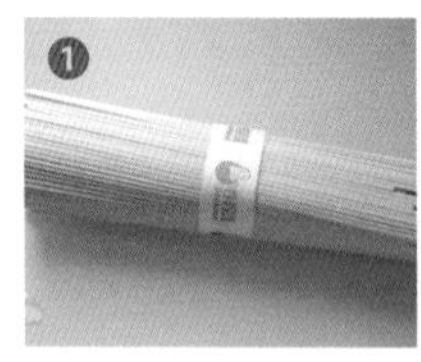

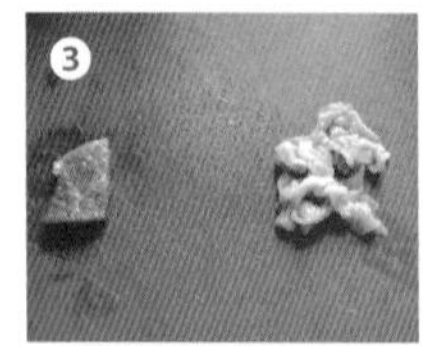

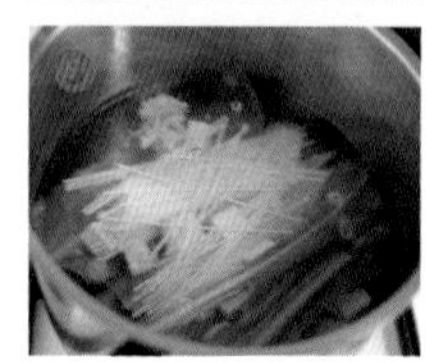

豆腐虾仁丸子汤配软米饭

原料

鲜虾……75克　　豆腐……30克

香菇……30克　　蛋清……1份

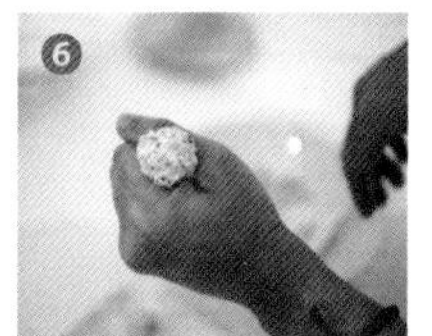

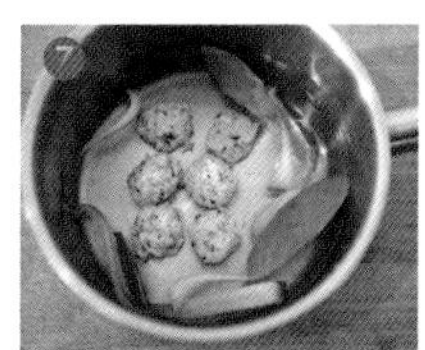

具体步骤

第1步　将鲜虾清洗干净后投入沸水中煮，然后去除虾头和壳，挑去肠线。

第2步　将虾放到搅拌机里面搅成虾泥。

第3步　取香菇洗净，去蒂，在沸水中焯一下，剁碎。

第4步　将豆腐压成泥。

第5步　将切好的原料一起放入容器中，并加入蛋清和少量盐搅拌均匀。

第6步　用手将原料挤成丸子。

第7步　将丸子投入沸水中煮4～5分钟，还可以加上几片青菜，出锅前再加点香油，配上软米饭即可。

营养素	能量/千卡	蛋白质/克	脂肪/克	维生素A/微克	维生素B_1/毫克	维生素B_2/毫克	维生素C/毫克	钙/毫克	铁/毫克	锌/毫克
营养素含量	387.9	27.9	3.9	11.3	0.1	0.2	0.3	108.4	3.5	3.4

四色蔬菜饭团

用多种蔬菜和米饭搭配出来的饭团，不仅颜色好看，而且会让宝宝觉得很新鲜。妈妈给宝宝不断变换食材的做法，能让宝宝对吃饭更有兴趣。

原料

软米饭……60克　牛肉……15克
洋葱……10克　香菇……10克
豌豆……10克　灯笼椒……10克
芝麻油……1小勺

具体步骤

第1步　彩椒清洗干净后，去皮切碎。

第2步　香菇去蒂，只保留菌伞部分，切成碎丁。

第3步　洋葱清洗干净，切成碎丁。

第4步　将新鲜豌豆在沸水中煮熟之后去皮，然后碾碎。

第5步　将彩椒、香菇、洋葱的碎丁和豌豆泥放入锅中，加入50毫升的水或高汤，煮沸之后收汁，然后盛出凉凉。

第6步　牛肉煮熟之后用搅拌机打碎，加到煮好的软米饭中，再加30毫升水或高汤，煮沸之后收汁，然后盛出凉凉。

第7步　将四色蔬菜和牛肉软米饭拌在一起，加入一小勺芝麻油，充分搅拌。

第8步　把拌好的米饭揉成一个个小饭团，大小为方便宝宝一口吃掉为宜。

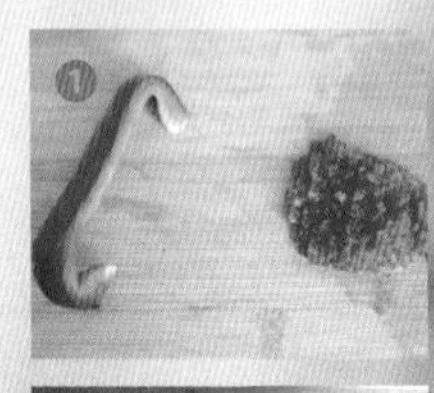

营养素	能量/千卡	蛋白质/克	脂肪/克	维生素A/微克	维生素B_1/毫克	维生素B_2/毫克	维生素C/毫克	钙/毫克	铁/毫克	锌/毫克
营养素含量	272.8	9.1	4.3	3.0	0.1	0.1	15.3	13.7	1.8	1.8

营养素	能量/千卡	蛋白质/克	脂肪/克	维生素A/微克	维生素B_1/毫克	维生素B_2/毫克	维生素C/毫克	钙/毫克	铁/毫克	锌/毫克
营养素含量	378.3	18.0	11.9	139.6	0.1	0.2	5.7	64.9	2.2	1.9

南瓜洋葱卷心菜紫薯焗饭

配上芝士的焗饭会有浓郁的奶香，是一道很受宝宝欢迎的辅食。

原料

米饭……60克　芝士片……1张

南瓜……10克　洋葱……10克

卷心菜……10克　紫薯……10克

三文鱼松……15克

水或高汤……180毫升

具体步骤

第1步　将卷心菜洗净，放到沸水中焯一下。

第2步　将南瓜去皮，再与洋葱和焯好的卷心菜一起切成5毫米～8毫米大小的丁。

第3步　紫薯在锅中蒸熟后去皮，捣成紫薯泥。

第4步　锅中放少许油，然后放入洋葱炒香。

第5步　锅中倒入煮好的米饭和180毫升的水或高汤，熬成软米饭后加入卷心菜丁、南瓜丁、紫薯泥和三文鱼松，然后搅拌均匀，汤汁熬黏稠即可。

第6步　将熬好的软米饭倒入焗碗中，上面铺上芝士片。烤箱温度设置为80℃，将焗碗放入，加热约10分钟即可。

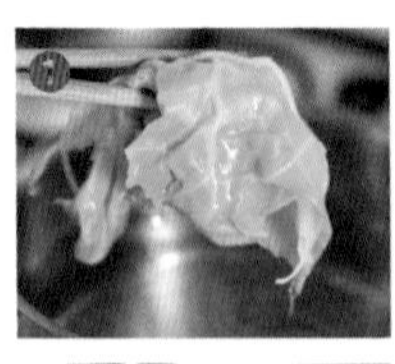

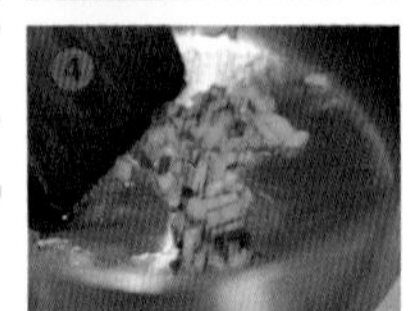

奶香土豆泥

原料

土豆……80克　黄油……10克

母乳或配方奶……100毫升

具体步骤

第1步　将土豆洗净后上锅蒸熟。

第2步　蒸好的土豆去皮，压成土豆泥。

第3步　将黄油加入土豆泥中，再加入母乳或配方奶后搅匀，使土豆泥更为软烂。处理好的土豆泥待稍凉后，装入裱花袋，挤出花纹即可。

营养素	能量/千卡	蛋白质/克	脂肪/克	维生素A/微克	维生素B_1/毫克	维生素B_2/毫克	维生素C/毫克	钙/毫克	铁/毫克	锌/毫克
营养素含量	216.4	3.5	15.4	11.8	0.1	0.1	16.2	39.1	0.5	0.6

红烩牛肉蔬菜丸

18～24月龄的宝宝，磨牙会陆续长出，这时可以做一些有韧性的丸子，帮宝宝锻炼咀嚼能力。

原料

西葫芦……15克　胡萝卜……15克

牛肉……40克　蛋清……1份

番茄酱……4大勺

具体步骤

第1步　牛肉清洗干净，切块后放入搅拌机打碎。

第2步　向牛肉泥中加入蛋清，也可以给大月龄的宝宝加点黑胡椒。

第3步　将胡萝卜清洗干净，去皮，切丁。

第4步　将西葫芦清洗干净，去皮，切丁。

第5步　将处理好的蔬菜丁混入牛肉泥中，充分混合后待用。

第6步　将牛肉蔬菜泥揉搓成小球，再均匀地抹上油。

第7步　将蔬菜牛肉丸放置在已经预热到185℃的烤箱内，烤熟（15～20分钟）。

第8步　将烤好的丸子在番茄酱中稍微烩一下。美味的红烩牛肉蔬菜丸就做好了。

营养素	能量/千卡	蛋白质/克	脂肪/克	维生素A/微克	维生素B_1/毫克	维生素B_2/毫克	维生素C/毫克	钙/毫克	铁/毫克	锌/毫克
营养素含量	119.8	13.9	2.3	149.5	0.1	0.1	11.8	27.9	0.8	2.1

蛋奶布丁

12月龄以上的宝宝就可以喝鲜牛奶了，妈妈也可以用鲜牛奶和鸡蛋做美味的点心。

原料

牛奶……250毫升　鸡蛋……2个

白砂糖……40克

具体步骤

第1步　鸡蛋用分蛋器分出蛋黄，并将蛋黄搅打均匀。

第2步　牛奶加热到80℃左右（沸腾之前），关火凉凉。

第3步　蛋黄中加入白砂糖后搅拌均匀，然后将凉凉的牛奶加入装有蛋黄的碗中。

第4步　牛奶蛋黄液用过滤网过滤一下，然后导入可以放入烤箱的小杯中。

第5步　烤箱预热10分钟，然后在烤盘中加入热水，放上小杯，再放入烤箱160℃中下层烤40分钟。

营养素	能量/千卡	蛋白质/克	脂肪/克	维生素A/微克	维生素B_1/毫克	维生素B_2/毫克	维生素C/毫克	钙/毫克	铁/毫克	锌/毫克
营养素含量	470.7	20.0	9.8	35.0	0.1	0.4	0.0	297.0	1.7	1.7

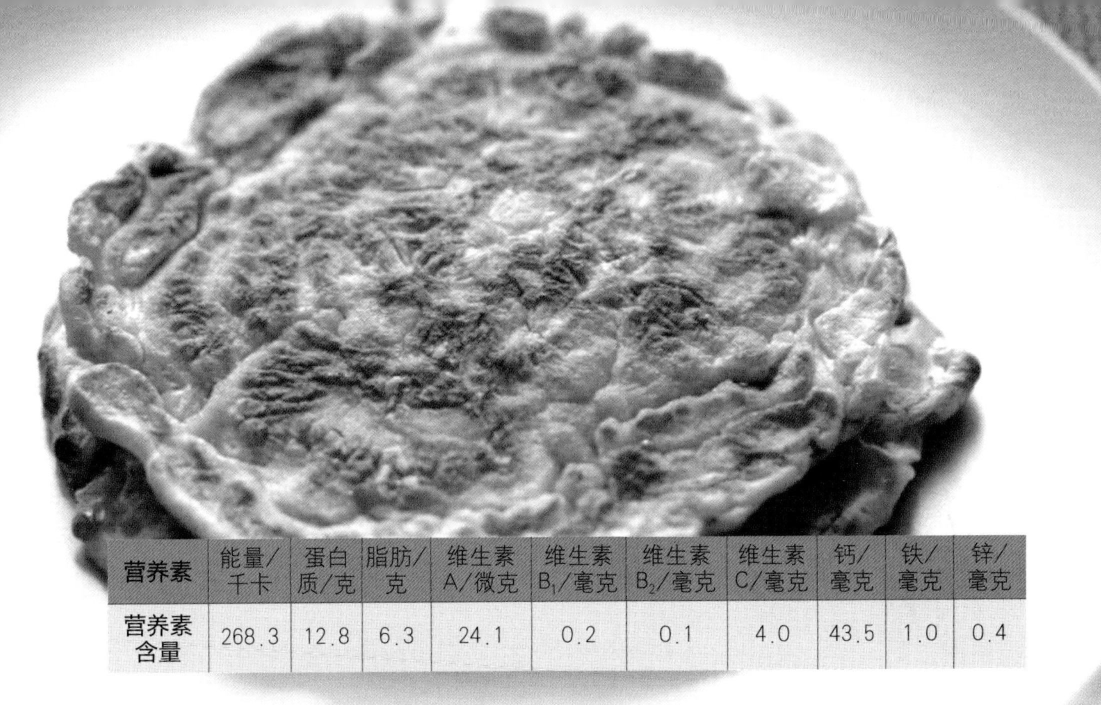

营养素	能量/千卡	蛋白质/克	脂肪/克	维生素A/微克	维生素B_1/毫克	维生素B_2/毫克	维生素C/毫克	钙/毫克	铁/毫克	锌/毫克
营养素含量	268.3	12.8	6.3	24.1	0.2	0.1	4.0	43.5	1.0	0.4

洋葱韭菜煎饼

这是一道只用平底锅就能做好的辅食点心。

原料*

韭菜……10克　洋葱……20克

面粉……40克　鸡蛋……1个

具体步骤

第1步　韭菜清洗干净，用清水浸泡半小时，取一部分切碎。

第2步　用搅拌机将切碎的韭菜榨汁并过滤。

第3步　洋葱清洗干净以后切碎，取其中一部分放在研磨碗中捣碎。

第4步　在面粉中倒入韭菜汁和洋葱汁，混合均匀后再加入打散的蛋液，再次混合均匀。

第5步　将剩下的韭菜和洋葱切成5毫米～8毫米的丁，再将韭菜丁和洋葱丁倒入面糊中搅拌均匀。

第6步　在平底锅上涂匀油后，倒入面糊，一面煎好后再翻面煎，直到两面都呈金黄色即可。

* 原料的量可以做2个饼。

草莓可丽饼

可丽饼不用烤箱，不需要复杂的烘培技术，只需要一只平底锅，就可以做出来。妈妈可以尝试将可丽饼当成宝宝的早餐或是点心，再配上多种水果，好看又好吃。

原料

面粉……90克　牛奶……200毫升　草莓……3个　白砂糖……10克
奶油奶酪……30克　奶油……60克　鸡蛋……1个　食用油……10毫升

具体步骤

第1步　将面粉过筛。

第2步　在面粉中加入打散的鸡蛋和牛奶，用打蛋器搅拌成均匀的面糊。

第3步　面糊中加入食用油后继续搅拌均匀。

第4步　平底锅中不放油，锅热后倒入一勺面糊，均匀摊成面饼，待面饼凝固后拿出。

第5步　取一个干净的盆，加入奶油奶酪、奶油和糖，之后用打蛋器打发。

第6步　将打发的奶油混合物放到饼上，再铺上切好的草莓，然后把饼的两边卷起来即可。

营养素	能量/千卡	蛋白质/克	脂肪/克	维生素A/微克	维生素B_1/毫克	维生素B_2/毫克	维生素C/毫克	钙/毫克	铁/毫克	锌/毫克
营养素含量	1290.5	31.5	84.6	248.3	0.5	0.5	33.5	369.2	3.6	3.2

营养素	能量/千卡	蛋白质/克	脂肪/克	维生素A/微克	维生素B_1/毫克	维生素B_2/毫克	维生素C/毫克	钙/毫克	铁/毫克	锌/毫克
营养素含量	152.2	7.1	7.9	30.5	0.1	0.1	4.0	27.5	1.0	0.4

牛油果鸡蛋沙拉

牛油果鸡蛋沙拉口感绵柔，奶香十足，营养丰富，十分受宝宝欢迎。

原料

牛油果……50克 鸡蛋……1个

具体步骤

第1步　取新鲜牛油果一个，去皮、核。

第2步　取1/4个牛油果切丁，待用。

第3步　剩下的牛油果去皮后，磨成泥。

第4步　白水煮熟的鸡蛋，取蛋白部分切丁，再与牛油果泥和牛油果丁拌在一起。

第5步　蛋黄部分压成蛋黄泥。

第6步　将蛋黄泥、牛油果泥和牛油果丁、蛋白丁一同搅拌均匀即可。

自制酸奶拌芒果

自制酸奶需要放入冰箱，最好在3天内食用完。另外，酸奶还可以滤过乳清，变成酸奶奶酪，拌上自制果酱冷冻后，就是美味的冰激凌了。

原料

芒果……50克　　牛奶……1升

酸奶菌粉……1包

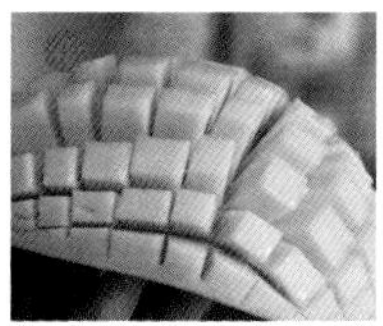

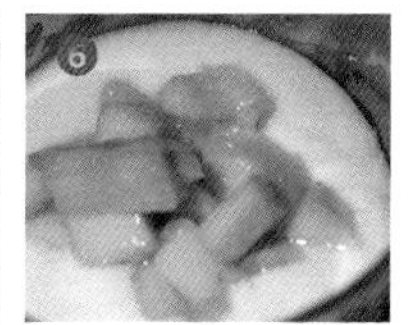

具体步骤

第1步　将酸奶机中的不锈钢碗、盖和勺子用沸水烫1分钟，去掉杂菌。

第2步　在碗中倒入牛奶、酸奶菌粉，并用勺子搅拌均匀。

第3步　将混合液放入酸奶机中静静等待10小时（不同酸奶机等待时间不同）。

第4步　芒果去皮、核，切成芒果花。

第5步　将果肉切成1厘米大小的丁。

第6步　取50克做好的酸奶，加入芒果，搅拌均匀即可。

营养素	能量/千卡	蛋白质/克	脂肪/克	维生素A/微克	维生素B_1/毫克	维生素B_2/毫克	维生素C/毫克	钙/毫克	铁/毫克	锌/毫克
营养素含量	60.9	1.5	1.4	186.5	0.0	0.1	7.0	62.5	0.4	0.3

营养素	能量/千卡	蛋白质/克	脂肪/克	维生素A/微克	维生素B_1/毫克	维生素B_2/毫克	维生素C/毫克	钙/毫克	铁/毫克	锌/毫克
营养素含量	155.4	8.9	0.5	1.3	0.1	0.1	14.8	32.3	1.0	0.5

土豆黄瓜鸡蛋洋葱沙拉

原料

土豆……100克　黄瓜……10克

洋葱……10克　鸡蛋……1个

高汤……15毫升

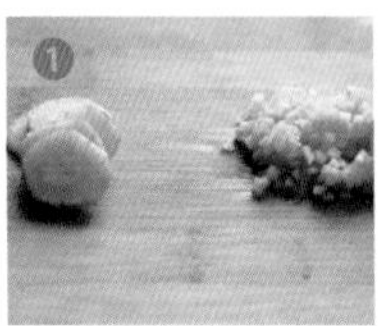

在土豆泥沙拉中加入黄瓜、洋葱和鸡蛋，不但营养搭配更好，而且也更爽口。

具体步骤

第1步　黄瓜清洗干净，取一小段去皮，切丁。

第2步　洋葱清洗干净，取一小片，焯熟后切丁。

第3步　鸡蛋煮熟，剥壳后将蛋黄部分压成泥。

第4步　将蛋白切成丁。

第5步　将土豆洗净，蒸熟后去皮，再捣烂。

第6步　在土豆泥中加入黄瓜丁、洋葱丁、蛋黄泥、蛋白丁，再进行搅拌。为了增加土豆泥的风味，可以加入一些炖肉的高汤（加热过的）。